应用技术型高等教育"十二五"规划教材

实用运筹学

主　编　邢育红

副主编　于晋臣

参　编　王海棠　崔兆诚

U0194748

中国水利水电出版社
www.waterpub.com.cn

内 容 提 要

根据运筹学的学科特点，本书对传统运筹学的内容和方法做了较大的改革。在系统地介绍了运筹学的基本概念、基本原理、基本思想、基本方法的基础上，借助于专业的优化软件 Lingo 来求解模型，特别突出解决实际问题的实用性。

全书共分 8 章，主要内容包括线性规划、运输模型、整数规划、目标规划、动态规划、图与网络分析、排队论、决策论。书中除了精选的例题外，每章后附有大量的习题，章末附有实用案例，供教学和自学用。

本书可作为普通本科院校和高职高专院校相关专业的教材，也可作为管理人员和工程技术人员的参考用书，还可以作为数学建模活动的培训用书和参赛学生的参考用书。

图书在版编目（CIP）数据

实用运筹学 / 邢育红主编. -- 北京 : 中国水利水电出版社，2014.8（2019.2 重印）
应用技术型高等教育"十二五"规划教材
ISBN 978-7-5170-2100-1

Ⅰ . ①实… Ⅱ . ①邢… Ⅲ . ①运筹学－高等学校－教材 Ⅳ . ①O22

中国版本图书馆CIP数据核字(2014)第117986号

策划编辑：宋俊娥　责任编辑：李 炎　加工编辑：田新颖　封面设计：李 佳

书　　名	应用技术型高等教育"十二五"规划教材 **实用运筹学**
作　　者	主 编　邢育红 副主编　于晋臣
出版发行	中国水利水电出版社 （北京市海淀区玉渊潭南路 1 号 D 座　100038） 网址：www.waterpub.com.cn E-mail: mchannel@263.net（万水） 　　　　sales@waterpub.com.cn 电话：（010）68367658（发行部）、82562819（万水）
经　　售	北京科水图书销售中心（零售） 电话：（010）88383994、63202643、68545874 全国各地新华书店和相关出版物销售网点
排　　版	北京万水电子信息有限公司
印　　刷	三河市铭浩彩色印装有限公司
规　　格	170mm×227mm　16 开本　13.25 印张　267 千字
版　　次	2014 年 8 月第 1 版　2019 年 2 月第 3 次印刷
印　　数	6001—8000 册
定　　价	22.00 元

凡购买我社图书，如有缺页、倒页、脱页的，本社发行部负责调换

"应用型人才培养基础课系列教材"
编审委员会

主任委员：刘建忠

委　　员：（按姓氏笔画为序）

王　伟　史　昱　伊长虹　刘建忠　邢育红

李宗强　李爱芹　杨振起　孟艳双　林少华

胡庆泉　高曦光　梁志强　黄玉娟　蒋　彤

前　　言

　　运筹学是 20 世纪 40 年代发展起来的一门应用学科，是管理科学和现代化管理方法的重要组成部分，主要运用科学方法尤其是数学方法去研究现实世界中各种运行系统的最优化问题，目的是为决策者提供科学的决策依据。随着管理科学和计算机技术的发展，运筹学已广泛应用于国防、工业、农业、交通运输业、商业、政府机关等各个部门和领域。运筹学课程已逐渐成为管理科学、系统科学、工程管理、交通运输、物流工程等专业的专业基础课。

　　运筹学是一门应用性很强的课程，对于应用领域的实际问题，建立的数学模型大多比较复杂，人工计算要耗费大量的时间，很难得出最优解，随着计算机技术的普及，利用软件求解运筹学中的计算问题势在必行。另一方面，社会发展对应用型人才提出了更高需求，越来越多的运筹学教育界同仁意识到，运筹学的教学应以引导学生在理解运筹学基本理论和方法的基础上提升学生的实践应用能力为首要目标。

　　因此，本书在编写过程中，在系统介绍运筹学的基本原理、基本思想、基本方法的同时，更注重培养学生解决问题的实践能力。本书的特色主要体现在以下几个方面：

　　●　力求深入浅出，通俗易懂

　　本书重点讲解了运筹学的基本思想、方法和分析问题的思路，语言表达和内容选择上力求做到深入浅出，通俗易懂，避免繁琐的理论推导和计算，适于教学和自学。

　　●　传承经典，强调应用

　　作为教材，本书在内容的选择、例题的安排等方面尽量选用运筹学的经典实例和实践中最常见的运筹学问题，同时吸收了近年来出现的一些最新应用成果。

　　●　注重学生实践能力的训练

　　每章末配置了与实际应用相关的习题以及与本章内容联系紧密的案例，便于读者理解、巩固书中内容，提高解决实际问题的能力。

　　●　应用 Lingo 软件

　　为了让读者实现用最快捷的方法解决问题，本书应用 Lingo 软件作为我们解决问题的工具，这是因为 Lingo 软件操作比较简单，语言易学易用，演示版可以在Lingo 公司网站免费获取，方便教师和学生使用。

　　本书各个部分内容具有一定的独立性，可根据专业所侧重的应用领域以及具体教学目的，有选择的组织教学内容。

　　本书共分 8 章，主要内容包括线性规划、运输模型、整数规划、目标规划、动态规划、图与网络分析、排队论、决策论。其中，于晋臣编写了第 1、2、3 章，崔兆诚编写了第 4 章，邢育红编写了第 5、6、7 章，王海棠编写了第 8 章。全书由于晋臣、邢育红统稿定编。参加本书编写的人员都是多年担任实用运筹学实际教学的教师，包括教授、副教授等专业技术人员，他们都有较深的理论造诣和较丰富的教学经验。

　　本书的编写过程中，参考了大量文献，本书直接或间接引用了他们的部分成果，在此我们表示深深的谢意。

　　本书在编写过程中得到了很多支持和帮助。在此对所有给予我们支持和帮助的朋友、同事表示衷心的感谢。

　　限于编者水平有限，书中难免有不当或疏漏之处，敬请广大读者批评指正。

编　者
2014 年 3 月

目　　录

第 1 章   线性规划

本章学习目标

- 了解线性规划模型的特点
- 理解线性规划解的概念
- 理解线性规划的对偶问题
- 熟练掌握线性规划问题的软件求解
- 熟练掌握线性规划的几个典型应用

1.1 线性规划问题及其数学模型

1.1.1 引例

本小节将举两个简单实例，说明如何根据实际问题经过抽象来建立线性规划的数学模型.

例 1.1.1   生产计划问题

某工厂拟安排生产 A，B 两种产品，已知生产单位产品所需设备台时及对甲、乙两种原材料的消耗，有关数据见表 1-1. 问：应如何安排生产计划，使工厂获利最大？

表 1-1

产品 资源	A	B	可用资源
设备（台时）	1	2	8
甲（kg）	4	0	16
乙（kg）	0	4	12
单位利润（百元）	3	5	

解   现在建立这个问题的数学模型.

设 x_1，x_2 分别为 A，B 两种产品的产量，z 为这两种产品的总利润，根据题意，显然有

$$z = 3x_1 + 5x_2,$$

使总利润 z 达到最大是该厂追求的目标，因此称上式为**目标函数**，而变量 x_1，x_2 的值需要该厂进行决策，故称为**决策变量**.

由于生产 A、B 两种产品所需设备台时和对甲、乙两种原料的消耗分别不超过 8 台时和 16、12 千克，则决策变量 x_1，x_2 的值需满足：

$$x_1 + 2x_2 \leqslant 8,$$
$$4x_1 \leqslant 16,$$
$$4x_2 \leqslant 12,$$

由于这三个不等式的左边都是关于变量 x_1，x_2 的函数，因此称之为**函数约束**.

又因 A、B 两种产品的产量不能为负值，故 x_1，x_2 的取值还须满足以下限制条件：

$$x_1 \geqslant 0, \quad x_2 \geqslant 0,$$

称之为**非负性约束**.

函数约束与非负性约束统称为**约束条件**.

这样，该问题的数学模型可归结为：在上述约束条件下，确定变量 x_1，x_2 的数值，使目标函数的函数值达到最大.

因此，该问题的数学模型可表示为：

$$\max \quad z = 3x_1 + 5x_2,$$

$$s.t. \begin{cases} x_1 + 2x_2 \leqslant 8 \\ 4x_1 \leqslant 16 \\ 4x_2 \leqslant 12 \\ x_1, x_2 \geqslant 0 \end{cases},$$

其中，max 是英文 maximize（最大化）的缩写；$s.t.$ 是英文 subject to（服从于，受约束于）的缩写.

一般的生产计划问题可描述如下：某企业拟用 m 种资源 A_1，A_2，$\cdots$，A_m 生产 n 种产品 B_1，B_2，$\cdots$，B_n. 已知第 i 种资源的数量为 b_i，每生产一个单位第 j 种产品所消耗的第 i 种资源的数量为 a_{ij}，每单位第 j 种产品售出后所得利润为 c_j. 问：该企业应如何拟定生产计划才能使总利润最大？

设 x_j 为第 j 种产品 B_j 的产量（$j = 1, 2, \cdots, n$），z 为总利润，则有下面的数学模型：

$$\max \quad z = \sum_{j=1}^{n} c_j x_j,$$

$$s.t. \begin{cases} \sum_{j=1}^{n} a_{ij} x_j \leqslant b_i & (i = 1, 2, \cdots, m), \\ x_j \geqslant 0 & (j = 1, 2, \cdots, n). \end{cases}$$

例 1.1.2 食谱问题

某医院的一位特需病人每天需要从食物中获取 2500kJ 热量、60g 蛋白质和 900mg 钙. 如果市场上只有 4 种食品可供选择，它们每千克所含的热量、营养成分和市场价格如表 1-2 所示. 问医院应如何选购才能在满足营养需求的前提下使购买食品的费用最小？

表 1-2

食品	热量（kJ/kg）	蛋白质（g/kg）	钙（mg/kg）	价格（元/kg）
鸡肉	1000	50	400	15
鸡蛋	800	60	200	8
大米	900	20	300	6
白菜	200	10	500	2
每天需要量	≥2500	≥60	≥900	

解 该类问题通常称为食谱问题，也称为营养配餐问题.

（1）确定决策变量. 设 x_i（$i=1$ 为鸡肉，$i=2$ 为鸡蛋，$i=3$ 为大米，$i=4$ 为白菜）为第 i 种食品的购买数量（kg）.

（2）确定约束条件. 由病人对食物热量、蛋白质和钙的最低要求可以确定下面的约束条件：

$$1000x_1 + 800x_2 + 900x_3 + 200x_4 \geqslant 2500 \quad \text{（热量约束）,}$$
$$50x_1 + 60x_2 + 20x_3 + 10x_4 \geqslant 60 \quad \text{（蛋白质约束）,}$$
$$400x_1 + 200x_2 + 300x_3 + 500x_4 \geqslant 900 \quad \text{（钙约束）,}$$
$$x_1, x_2, x_3, x_4 \geqslant 0 \quad \text{（各食品购买量不能为负）.}$$

（3）确定目标函数. 本问题的目标是购买食品的费用为最小，而总费用为

$$15x_1 + 8x_2 + 6x_3 + 2x_4,$$

所以，目标函数为

$$z = 15x_1 + 8x_2 + 6x_3 + 2x_4,$$

从而，可得该问题的数学模型为：

$$\min z = 15x_1 + 8x_2 + 6x_3 + 2x_4$$

$$s.t. \begin{cases} 1000x_1 + 800x_2 + 900x_3 + 200x_4 \geqslant 2500 \\ 50x_1 + 60x_2 + 20x_3 + 10x_4 \geqslant 60 \\ 400x_1 + 200x_2 + 300x_3 + 500x_4 \geqslant 900 \\ x_1, x_2, x_3, x_4 \geqslant 0 \end{cases}.$$

其中，min 是英文 minimize（最小化）的缩写.

一般的食谱问题可描述如下：有 n 种食品，每种食品中含有 m 种营养成分. 已知第 j（$j = 1, 2, \cdots, n$）种食品单价为 c_j，每天最大供量为 d_j；而每单位第 j 种食品所含第 i（$i = 1, 2, \cdots, m$）种养分的数量为 a_{ij}. 假定某种生物每天对第 i 种营养成

分的需求量至少为b_i，对第j种食品的摄入量不少于e_j，而每天进食数量限制在$[h_1, h_2]$范围内．试求该生物的食谱，使总成本最小．

设x_j为每天提供给该生物食用的第j种食品的数量，则该问题的模型可表示为：

$$\min z = \sum_{j=1}^{n} c_j x_j$$

$$s.t. \begin{cases} \sum_{j=1}^{n} a_{ij} x_j \geqslant b_i \\ h_1 \leqslant \sum_{j=1}^{n} x_j \leqslant h_2 \\ e_j \leqslant x_j \leqslant d_j (i=1,2,\cdots,m; j=1,2,\cdots,n) \end{cases}$$

1.1.2 线性规划模型的一般形式

通过对上述两个例子的具体分析，可发现这类问题的共同特征如下：

（1）每一个问题都可以用一组变量来表示某一方案，这组变量的定值就代表一个具体方案．这组变量的取值往往要求非负，常常将其称为决策变量．

（2）存在一定的约束条件，这些约束条件都可以表示为决策变量的线性等式或不等式．

（3）都有一个要求达到的目标，这个目标可以表示为关于决策变量的线性函数，通常称为目标函数．按所考虑问题的不同，可要求目标函数实现最大化或最小化．

满足以上三个条件的数学模型称为线性规划（Linear Programming，简记为LP）的数学模型．其一般形式为：

$$\max(\min) \ z = c_1 x_1 + c_2 x_2 + \cdots + c_n x_n \tag{1.1.1}$$

$$s.t. \begin{cases} a_{11} x_1 + a_{12} x_2 + \cdots + a_{1n} x_n \leqslant (=, \geqslant) \ b_1 \\ a_{21} x_1 + a_{22} x_2 + \cdots + a_{2n} x_n \leqslant (=, \geqslant) \ b_2 \\ \quad\quad\quad\quad\vdots \\ a_{m1} x_1 + a_{m2} x_2 + \cdots + a_{mn} x_n \leqslant (=, \geqslant) \ b_n \\ x_j \geqslant (\text{或} \leqslant) 0 \ \text{或} \ x_j \ \text{自由} \ (j=1,2,\cdots,n) \end{cases} \begin{matrix}\\ \\ (1.1.2) \\ \\ \\ (1.1.3)\end{matrix}$$

（1.1.1）式为最优化目标函数，其中$z = c_1 x_1 + c_2 x_2 + \cdots + c_n x_n$称为目标函数；（1.1.2）式称为函数约束；（1.1.3）式称为非负性约束．函数约束与非负性约束统称为约束条件．$x_j (j=1,2,\cdots,n)$称为决策变量．一般说来，满足（1.1.2）式和（1.1.3）式的向量$X = (x_1, x_2, \cdots, x_n)^T$有无穷多个解，求解线性规划问题的目的就是从中找出一个能满足（1.1.1）式的解，作为对该线性规划问题的最终决策．

a_{ij} , b_i , c_j 称为线性规划模型的参数，他们对于任一确定的线性规划模型都是常数. 其中， a_{ij} 为技术系数，表示变量 x_j 取值为 1 个单位时所消耗的第 i 种资源的数量； b_i 为限额系数，表示第 i 种资源的拥有量； c_j 为价值系数，表示实际问题中的利润、产值、成本等.

综上所述，决策变量、目标函数和约束条件，是线性规划模型的三要素，其中后两者都是关于前者的线性表达式；而线性规划模型就是由最优化的目标函数和约束条件这两部分构成的.

1.2　线性规划模型的标准形

由于目标函数和约束条件内容上的差别，线性规划问题有各种不同的形式. 例如，就目标函数而言，有的要求最大化，有的要求最小化；就函数约束而言，有 $\leqslant$ ，$=$ ，$\geqslant$ 三种形式；而决策变量，有的要求非负，有的要求非正，还有的无此要求. 这种多样性不仅给研究带来不便，而且难以寻找一种通用解法. 为了便于讨论和制定统一的算法，规定线性规划问题的标准形式如下：

$$\max \ z = c_1 x_1 + c_2 x_2 + \cdots + c_n x_n$$

$$s.t. \begin{cases} a_{11}x_1 + a_{12}x_2 + \cdots + a_{1n}x_n = b_1 \\ a_{21}x_1 + a_{22}x_2 + \cdots + a_{2n}x_n = b_2 \\ \quad\quad\quad\quad \vdots \\ a_{m1}x_1 + a_{m2}x_2 + \cdots + a_{mn}x_n = b_m \\ x_1, x_2, \cdots, x_n \geqslant 0 \end{cases}.$$

标准形式的线性规划模型中，目标函数为求最大值，函数约束全为等式，约束条件右端常数项 b_i 以及变量 x_j ($j = 1, \cdots, n$) 的取值全为非负值.

有时，为方便起见，也将上述方程组形式的标准形用矩阵描述：

$$\max \ z = C^T X$$

$$s.t. \begin{cases} AX = b \\ X \geqslant \mathbf{0} \end{cases},$$

其中，

$$C = \begin{bmatrix} c_1 \\ c_2 \\ \vdots \\ c_n \end{bmatrix}, \quad A = \begin{bmatrix} a_{11} & a_{12} & \cdots & a_{1n} \\ a_{21} & a_{22} & \cdots & a_{2n} \\ \vdots & \vdots & \vdots & \vdots \\ a_{m1} & a_{m2} & \cdots & a_{mn} \end{bmatrix}, \quad X = \begin{bmatrix} x_1 \\ x_2 \\ \vdots \\ x_n \end{bmatrix}, \quad b = \begin{bmatrix} b_1 \\ b_2 \\ \vdots \\ b_m \end{bmatrix}, \quad \mathbf{0} = \begin{bmatrix} 0 \\ 0 \\ \vdots \\ 0 \end{bmatrix}.$$

以下讨论如何将非标准形线性规划问题变换为标准形问题.

（1）若目标函数要求为最小化，即 $\min z = C^T X$. 这时只需将目标函数最小化变换为目标函数最大化，即令 $z' = -z$ ，于是得到 $\max z' = -C^T X$. 这就同标准形目标函数的形式一致了.

（2）约束条件的右端项 $b_i < 0$ 时，只需将等式或不等式两端同乘"-1"即可.

（3）约束条件为不等式. 当约束条件为" $\leqslant$ "时，可在不等式的左端加入一个非负松弛变量，把原" $\leqslant$ "不等式变为等式；当约束条件为" $\geqslant$ "时，可在不等式的左端减去一个非负剩余变量，把原" $\geqslant$ "不等式变为等式. 松弛变量或剩余变量在实际问题中分别表示未被充分利用的资源和超出的资源数，均未转化为价值和利润，所以引进模型后它们在目标函数中的系数均为零.

（4）若存在无约束的变量 x_k，可令 $x_k = x_k' - x_k''$，其中 $x_k', x_k'' \geqslant 0$.

（5）对 $x_k \leqslant 0$ 的情况，令 $x_k' = -x_k$，显然 $x_k' \geqslant 0$.

下面举例说明.

例 1.2.1 将下述线性规划问题化为标准形.

$$\min \ z = x_1 + 2x_2 + 3x_3$$

$$s.t. \begin{cases} x_1 + 2x_2 - x_3 \leqslant 15 \\ 2x_1 + 3x_2 - x_3 \geqslant 16 \\ -x_1 - x_2 + x_3 \geqslant -12 \\ x_1 \geqslant 0, x_3 \leqslant 0 \end{cases}.$$

解 上述问题中令 $z' = -z$，$x_2 = x_2' - x_2''$，其中 $x_2' \geqslant 0$，$x_2'' \geqslant 0$，$x_3' = -x_3$，则可得该问题的标准形式如下：

$$\max \ z' = -x_1 - 2x_2' + 2x_2'' + 3x_3'$$

$$s.t. \begin{cases} x_1 + 2x_2' - 2x_2'' + x_3' + x_4 = 15 \\ 2x_1 + 3x_2' - 3x_2'' + x_3' - x_5 = 16 \\ x_1 + x_2' - x_2'' + x_3' + x_6 = 12 \\ x_1, x_2', x_2'', x_3', x_4, x_5, x_6 \geqslant 0 \end{cases}.$$

1.3 线性规划问题解的概念

在讨论线性规划问题的求解前，先来了解一下线性规划问题解的概念.

设线性规划的标准形为：

$$\max \ z = C^T X \tag{1.3.1}$$

$$s.t. \begin{cases} AX = b \\ X \geqslant 0 \end{cases}, \tag{1.3.2} \\ \tag{1.3.3}$$

式中 A 为 $m \times n$ 矩阵，规定 $m \leqslant n$ 并且 $r(A) = m$，显然 A 中至少有一个 $m \times m$ 子矩阵 B，使得 $r(B) = m$.

（1）可行解. 满足约束条件（1.3.2）式、（1.3.3）式的解 $X = (x_1, x_2, \cdots, x_n)^T$，称为线性规划问题的可行解. 所有可行解构成的集合称为可行域.

（2）最优解. 满足（1.3.1）式的可行解称为最优解，即使得目标函数达到最大值的可行解就是最优解.

（3）基. A 中 $m \times m$ 子矩阵 B 满足 $r(B) = m$，则称 B 是线性规划问题的一个基矩阵（简称基）. 当 $m = n$ 时，基矩阵唯一；当 $m < n$ 时，基矩阵可能有多个，但数量不会超过 C_n^m.

（4）基向量、非基向量、基变量、非基变量.

设线性规划问题的系数矩阵为

$$A = \begin{bmatrix} a_{11} & a_{12} & \cdots & a_{1m} & \cdots & a_{1n} \\ \vdots & \vdots & \vdots & \vdots & \vdots & \vdots \\ a_{m1} & a_{m2} & \cdots & a_{mm} & \cdots & a_{mn} \end{bmatrix} = (P_1 \quad P_2 \quad \cdots \quad P_m \quad \cdots \quad P_n).$$

由基的定义可知，若 B 是线性规划问题的一个基，则 B 由 m 个线性无关的列向量组成. 不失一般性，可设

$$B = \begin{bmatrix} a_{11} & a_{12} & \cdots & a_{1m} \\ \vdots & \vdots & \vdots & \vdots \\ a_{m1} & a_{m2} & \cdots & a_{mm} \end{bmatrix} = (P_1, P_2, \cdots, P_m),$$

称 $P_j (j = 1, 2, \cdots, m)$ 为基向量，与基向量 P_j 对应的变量 $x_j (j = 1, 2, \cdots, m)$ 为基变量；称 $P_j (j = m+1, m+2, \cdots, n)$ 为非基向量，变量 $x_j (j = m+1, m+2, \cdots, n)$ 为非基变量.

（5）基本解. 对某一确定的基 B，令非基变量等于零，利用（1.3.2）式求得基变量，则这组解称为基 B 的基本解（也称基解）. 若基本解中有一个或更多个基变量取值为零，则称之为退化基本解.

（6）基本可行解. 满足非负性约束（1.3.3）的基本解，称为基本可行解（也称基可行解）. 若它是退化的，则称之为退化基本可行解.

（7）最优基本解. 最优解对应的基本解称为最优基本解.

（8）可行基. 基本可行解对应的基称为可行基. 上述线性规划问题具有基本解的数目最多是 C_n^m 个. 一般基本可行解的数目要小于基本解的数目.

（9）最优基. 最优基本解对应的基称为最优基.

1.4 线性规划的对偶问题

1.4.1 对偶问题的提出

在第一节例 1.1.1 中讨论了生产计划问题及其数学模型，现从另一角度来讨论这个问题.

假设该工厂的决策者决定不生产产品 A，B，而把原拟用于生产这两种产品的所有资源出售. 这时工厂的决策者就要考虑如何给每种资源定价的问题.

　　就设备台时而言，由于每一台时的价格等于其成本加上所创造的利润，而台时成本为常数，故只需确定其所创利润.

　　设 y_1、y_2、y_3 分别为出售单位设备台时和单位原材料甲、乙的利润，w 为总利润（单位：百元）.

　　决策者在做定价决策时，会有如下考量：若用 1 个单位设备台时和 4 个单位原材料甲可以生产一件产品 A，可获利 3 元，那么生产每件产品 A 的设备台时和原材料出让的所有利润应不低于生产一件产品 A 的利润，这就有

$$y_1 + 4y_2 \geqslant 3.$$

　　同理将生产一件产品 B 的设备台时和原材料出让的所有利润应不低于一件产品 B 的利润，这就有

$$2y_1 + 4y_3 \geqslant 5.$$

　　把工厂所有设备台时和原材料都出让，其利润为

$$w = 8y_1 + 16y_2 + 12y_3.$$

　　从工厂的决策者来看，固然 w 越大越好，但也不能要求目标为 $\max w$，因为这势必导致 $w \to \infty$，这显然是不现实的. 另一方面，从接受者来看，他的支付越少越好，况且为了竞争市场，商品售价也不宜定得过高，所以工厂的决策者只能在满足大于等于所有产品利润的前提下，提出一个尽可能低的出让价格，才能实现其意愿.

　　从而，工厂的资源定价模型可描述为：

$$\min w = 8y_1 + 16y_2 + 12y_3$$

$$s.t. \begin{cases} y_1 + 4y_2 \geqslant 3 \\ 2y_1 + 4y_3 \geqslant 5 \\ y_1, y_2, y_3 \geqslant 0 \end{cases}$$

　　显然，这是一个线性规划数学模型，称其为例 1.1.1 线性规划问题（原问题）的对偶问题.

　　上面两个线性规划问题有着重要的经济含义. 原问题考虑的是充分利用现有资源，以产品的数量和单位产品的利润来决定企业的总利润，没有考虑到资源的价格. 但实际上，不同的资源对利润的贡献也不同，它是企业生产过程中一种隐含的潜在价值，经济学中称为**影子价格**.

1.4.2　原问题与对偶问题的关系

　　原问题与对偶问题的关系如表 1-3 所示.

　　记住下面表格中的对应关系，能够很容易地直接写出任一线性规划问题的对偶问题.

表 1-3

项目	原问题（或对偶问题）	对偶问题（或原问题）	备注
目标要求	max ↔ min		
规范不等式约束的式号	≤	≥	
系数阵	$(a_{ij})_{m \times n}$	$(a_{ji})_{n \times m}$	
函数约束与变量	第 k 个约束 ↔ 第 k 个变量		$k = i$ 或 j
	约束个数 = 变量个数		$i = 1, 2, \cdots, m$
	第 k 个右端常数 = 第 k 个价值系数		$j = 1, 2, \cdots, n$
	（非）规范不等式约束 ↔ 非负（正）变量		
	等式约束 ↔ 自由变量		

例 1.4.1 试求下述线性规划问题的对偶问题

$$\min z = 2x_1 + 3x_2 - 5x_3 + x_4 \tag{1}$$

$$s.t. \begin{cases} x_1 + x_2 - 3x_3 + x_4 \geq 5 & (2) \\ 2x_1 \quad\quad + 2x_3 - x_4 \leq 4 & (3) \\ \quad\quad x_2 + x_3 + x_4 = 6 & (4) \\ x_1 \leq 0; x_2, x_3 \geq 0 & (5) \end{cases}$$

解 由于上式目标要求为 min，故其对偶问题目标要求必为 max；又（2）式对应 y_1，（3）式对应 y_2，（4）式对应 y_3，且（2）～（4）式的右端常数就是对偶问题目标函数的价值系数，故易得对偶问题的目标函数：

$$\max w = 5y_1 + 4y_2 + 6y_3.$$

又由 x_1 的系数可得对偶问题的第一个约束：

$$y_1 + 2y_2 \geq 2,$$

其中的不等号"≥"是由 $x_1 \leq 0$ 决定的. 因为 x_1 为非正变量，故它对应非规范不等式约束，而对偶问题的目标要求为 max，故与之相应的"≥"号为非规范，从而就确定上式为"≥"形式的约束.

再由 $x_2, x_3 \geq 0$，而非负变量对应规范不等式约束，且与自身目标相反的"≤"号为规范，故由 x_2, x_3 的系数可得对偶问题的第二、第三个约束：

$$y_1 + y_3 \leq 3,$$
$$-3y_1 + 2y_2 + y_3 \leq -5.$$

又由 x_4 自由知其对应等式约束，于是由 x_4 的系数可得对偶问题的第四个约束：

$$y_1 - y_2 + y_3 = 1.$$

最后，由该问题的目标要求 min 可知：（2）式为规范不等式约束，它对应非负变量 $y_1 \geq 0$；（3）式为非规范不等式约束，它对应非正变量 $y_2 \leq 0$；而等式约

束（4）式对应自由变量 y_3，于是有

$$y_1 \geqslant 0, \quad y_2 \leqslant 0.$$

综上，可得上述问题的对偶问题为：

$$\max w = 5y_1 + 4y_2 + 6y_3$$

$$s.t. \begin{cases} y_1 + 2y_2 \quad\quad \geqslant 2 \\ y_1 \quad\quad + y_3 \leqslant 3 \\ -3y_1 + 2y_2 + y_3 \leqslant -5 \\ y_1 - y_2 + y_3 = 1 \\ y_1 \geqslant 0, \ y_2 \leqslant 0 \end{cases}$$

1.4.3　影子价格

通常情况下，将对偶问题最优解中决策变量 y_i^* 的值称为**影子价格**，表示第 i 种资源的边际价值，即当第 i 种资源单独增加一个单位时，相应的目标值的增量，其经济意义是在其他条件不变的情况下，单位资源变化所引起的目标函数最优值的变化.

需要注意的是，影子价格是与原问题的约束条件相联系的，而不是与变量相联系的.

影子价格随具体情况而异，在完全市场经济条件下，可用来对下面的经济活动进行分析.

（1）调节生产规模. 若目标函数表示利润（或产值），当某种资源的影子价格大于零（或高于市场价格）时，表示增加该种资源有利可图，企业应买进该资源用于扩大生产；而当影子价格等于零（或低于市场价格）时，说明该种资源不能增加收益，这时企业的决策者不应增加该资源或将剩余资源卖掉. 可见影子价格对市场有调节作用.

（2）生产要素对产出的贡献. 通过影子价格可以大致估计出每种资源获得多少产出.

（3）影子价格是企业生产过程中资源的一种隐含的潜在价值，表明单位资源的贡献，与市场价格是两个不同的概念. 同一种资源在不同的企业、生产不同的产品或在不同时期影子价格都不一样. 资源的市场价格是已知的，相对比较稳定，而它的影子价格则依赖于资源的利用情况，是未知的. 所以，系统内部资源数量和价格的任何变化都会引起影子价格的变化，即企业的生产任务、产品结构等情况一旦发生变化，资源的影子价格一般会随之改变. 从这种意义上讲，影子价格是一种动态价格；从另一个角度讲，资源的影子价格实际上是一种机会成本. 比如，就同一种原材料而言，无论对于哪一个购买者，其市场价格都是相同的，然而，当购买者购买了原材料以后，如果用于生产的产品不同，影子价格（此时为产值）肯定是不同的.

1.5 线性规划问题的求解

1.5.1 线性规划问题解的几种可能结果

求解线性规划问题，可能出现以下几种情况：

（1）**唯一最优解**．线性规划问题具有唯一最优解，是指该线性规划问题有且仅有一个既在可行域内、又使目标值达到最优的解．

（2）**无穷多最优解**．线性规划问题具有无穷多最优解，是指该线性规划问题有无穷多个既在可行域内、又能使目标值达到最优的解．

（3）**无界解**．线性规划问题具有无界解，是指最大化问题中的目标函数值可以无限增大，或最小化问题中的目标函数值可以无限减小．

（4）**无可行解**．线性规划问题无可行解，是指线性规划问题中的约束条件不能同时满足，可行域不存在．

其中，前两种情形为**有最优解**，后两种情形为**无最优解**．当线性规划问题无最优解时，求解结果必为无界解和无可行解两种情形之一，此时，线性规划问题的数学模型肯定有错误：前者缺乏必要的约束条件，后者是有矛盾的约束条件．建模时应予以注意．

1.5.2 线性规划问题的 Lingo 求解

线性规划问题的求解，通常所用的方法称为单纯形法．单纯形法是著名的美国运筹学家丹茨格于 1947 年首创的一种求解线性规划问题的通用有效算法．数十年来的计算实践表明，单纯形法只需很少的迭代次数就能求得最优解．用单纯形法求解线性规划问题要借助于单纯形表来完成．然而，当变量个数和约束个数比较多时，用单纯形表来求解就会非常困难，甚至无法进行．

鉴于此，本节介绍如何用计算机软件求解线性规划问题．目前求解线性规划问题的计算机软件大致分为 3 类．一类是大规模的软件包，如 Matlab、Mathematica 等，可以用来解决复杂的、包含数千个决策变量和数千个约束条件的大型线性规划问题．一些用手工的方式几年甚至几十年都解决不了的问题，用这种软件包只需要几分钟就可以解决了．第二类是用 Microsoft Excel "规划求解" 模块来求解线性规划问题．这个模块在 Excel 2003 以上的版本中都已封装，但未使用前是没有激活的模块，使用时只需激活一次，就可以长期使用．第三类是用于微型计算机的软件包，如 Lingo、Lindo 等，这类软件包使用前必须先用专门的程序进行安装．本节介绍如何使用 Lingo 软件求解线性规划问题．

Lingo 是求解优化问题的一个专业工具软件，它包含了内置的建模语言，允许用户以简练、直观的形式描述较大规模的优化模型，对于模型中所需要的数据可以以一定的格式保存在独立的文件中，读取方便快捷．

利用 Lingo 软件求解线性规划问题，可以免去大量繁琐的计算，使得原先只有专家学者和数学工作者才能掌握的运筹学中的线性规划模型成为广大管理工作者和技术人员的一个有效、方便、常用的工具，从而有效地解决了管理和工程中的优化问题.

Lingo 软件求解线性规划问题的过程采用单纯形法，一般是首先寻求一个可行解，在有可行解的情况下再寻求最优解. 需要注意的是，如果用 Lingo 软件求解具有多重最优解的问题，只能求得其中的一个最优解.

下面介绍用 Lingo 软件求解线性规划问题的基本方法.

例 1.5.1   用 Lingo 软件求解例 1.1.1，即求解线性规划问题

$$\max \quad z = 3x_1 + 5x_2$$

$$s.t. \begin{cases} x_1 + 2x_2 \leqslant 8 \\ 4x_1 \leqslant 16 \\ 4x_2 \leqslant 12 \\ x_1, x_2 \geqslant 0 \end{cases}$$

解   写出相应的 Lingo 程序如下：

```
max=3*x1+5*x2;
x1+2*x2<=8;
4*x1<=16;
4*x2<=12;
```

程序中的 max 表示求最大（求最小用 min），每个语句必须用分号（;）结束.

从该程序可以看出，Lingo 程序与线性规划模型没有太大的差别，只是少写了变量的非负限制，这是由于 Lingo 中已假设所有的变量都是非负的，所以非负约束不必再输入到计算机中.

在 Windows 版的 Lingo 系统中，从 Lingo 菜单下选用 Solve 命令，则可以得到如下结果：

```
Global optimal solution found.
  Objective value:                    22.00000
  Total solver iterations:              1
Variable     Value          Reduced Cost
  X1        4.000000          0.000000
  X2        2.000000          0.000000
Row   Slack or Surplus      Dual Price
  1       22.00000           1.000000
  2        0.000000          2.500000
  3        0.000000          0.1250000
  4        4.000000          0.000000
```

从而，可得生产计划如下：

生产 A 产品 4 件，B 产品 2 件，可获得最大利润. 最大利润为 22 百元.

在上述计算结果中，共有三个部分：第一部分是前三行，第一行表示已求出全局最优解；第二行表示最优目标函数值，即 $z^* = 22$；第三行是求解用的迭代次数，即迭代了 1 次.

第二部分是四、五、六行，可以分为三列：第一列，Variable 表示变量名，这里是 x_1, x_2；第二列，Value 表示在最优解处变量的取值，这里是 4，2；第三列，Reduced Cost（简约价格）本质上是检验数，由于 x_1, x_2 是基变量，所以它们对应的检验数为 0.

第三部分是剩下的部分，也分为三列：第一列，Row 表示行，第 1 行是目标，第 2～4 行是问题的 3 个约束条件. 第二列，Slack or Surplus 表示松弛变量或剩余变量，其中，第三个约束中的松弛变量取值为 4. 第三列，Dual Price 是对偶价格，即影子价格.

为了便于将程序推广到可求解一般的线性规划问题，下面采用集、目标与约束段、数据段的编写方式，程序如下：

```
model:
sets:
row/1..3/:b;
arrange/1..2/:c,x;
link(row,arrange):A;
endsets
max=@sum(arrange:c*x);
@for(row(i):
    @sum(arrange(j):A(i,j)*x(j))<=b(i));
data:
b=8,16,12;
c=3,5;
A=1,2,
  4,0,
  0,4;
enddata
end
```

我们可以看到这个输入以"model:"开始，以"end"结束，它们之间的语句可以分成三个部分：

（1）集定义部分（从"sets:"到"endsets"）：定义集及其属性，它有 3 列，分别用"/"隔开. 第 1 列表示集的名称，第 2 列表示集的成员，第 3 列是集的属性（即在程序中需要用到的变量）.

（2）目标与约束段：给出优化目标和约束. 这部分主要是定义问题的目标函数和约束条件. 目标函数（"max="后面所求的表达式）是用求和函数的方式定义的，这里@sum(arrange:c*x)相当于 $\sum_{j=1}^{2} c_j x_j$. 而

```
@for(row(i):
```

```
@sum(arrange(j):A(i,j)*x(j))<=b(i));
```
相当于

$$\sum_{j=1}^{2} a_{ij}x_j \leqslant b_i, \quad i=1,2,3$$

（3）数据段部分（从"data:"到"enddata"）：为程序提供数据. 其作用是对在集部分定义的属性赋值. 注意所赋值必须都是具体数值，数据和数据之间可以用逗号分开，也可以用空格分开，效果等价.

选用 Solve 命令，对该线性规划问题求解，可以得到如下结果：

```
Global optimal solution found.
Objective value:                        22.00000
Total solver iterations:                       1
Variable           Value          Reduced Cost
   B( 1)         8.000000          0.000000
   B( 2)         16.00000          0.000000
   B( 3)         12.00000          0.000000
   C( 1)         3.000000          0.000000
   C( 2)         5.000000          0.000000
   X( 1)         4.000000          0.000000
   X( 2)         2.000000          0.000000
   A( 1, 1)      1.000000          0.000000
   A( 1, 2)      2.000000          0.000000
   A( 2, 1)      4.000000          0.000000
   A( 2, 2)      0.000000          0.000000
   A( 3, 1)      0.000000          0.000000
   A( 3, 2)      4.000000          0.000000
   Row      Slack or Surplus      Dual Price
    1           22.00000          1.000000
    2           0.000000          2.500000
    3           0.000000          0.1250000
    4           4.000000          0.000000
```

采用通用程序编写的好处是，只需更改相应的数据，就可以对所有的线性规划问题进行求解.

例 1.5.2 用 Lingo 软件求解例 1.1.2，即求解线性规划问题

$$\min z = 15x_1 + 8x_2 + 6x_3 + 2x_4$$

$$s.t. \begin{cases} 1000x_1 + 800x_2 + 900x_3 + 200x_4 \geqslant 2500 \\ 50x_1 + 60x_2 + 20x_3 + 10x_4 \geqslant 60 \\ 400x_1 + 200x_2 + 300x_3 + 500x_4 \geqslant 900 \\ x_1, x_2, x_3, x_4 \geqslant 0 \end{cases}$$

解 编写 Lingo 程序如下：

```
min=15*x1+8*x2+6*x3+2*x4;
1000*x1+800*x2+900*x3+200*x4>=2500;
50*x1+60*x2+20*x3+10*x4>=60;
400*x1+200*x2+300*x3+500*x4>=900;
```
计算结果如下:

```
Global optimal solution found.
 Objective value:                        17.00000
Total solver iterations:                     3
Variable          Value              Reduced Cost
      X1        0.000000              6.500000
      X2        0.8333333E-01         0.000000
      X3        2.666667              0.000000
      X4        0.1666667             0.000000
     Row     Slack or Surplus         Dual Price
       1        17.00000             -1.000000
       2        0.000000             -0.5000000E-02
       3        0.000000             -0.6428571E-01
       4        0.000000             -0.7142857E-03
```

由计算结果可知, 选购方案如下:

不购买鸡肉, 购买鸡蛋 0.08333333 千克, 购买大米 2.666667 千克, 购买白菜 0.1666667 千克, 既能满足病人的需要, 又能使购买食品总费用达到最小, 最小费用为 17 元.

可以观察到, 本问题的计算结果中, 影子价格为负值, 这是因为目标要求取最小的缘故. 例如, 就热量而言, 每减少一个单位热量, 可以节约成本 0.005 元.

1.5.3 用 Lingo 软件进行灵敏度分析

前面讨论的线性规划问题中, 都假定 a_{ij}, b_i, c_j 是已知常数. 但实际上这些系数往往是一些估计和预测的数字, 如随市场条件变化, c_j 值就会变化. a_{ij} 随工艺技术条件的改变而改变, 而 b_i 值则是根据资源投入后能产生多大经济效果来决定的一种决策选择. 因此就会提出以下问题: 当这些参数中的一个或几个发生变化时, 问题的最优解会有什么变化, 或者这些参数在多大范围内变化时, 问题的最优解不变. 这就是灵敏度分析所要研究解决的问题.

使用 Lingo 软件可以方便地对线性规划模型求解并进行灵敏度分析. 灵敏度分析是在求解模型时作出的, 因此在求解模型时灵敏度分析应是激活状态, 但默认不是激活的. 为了激活灵敏度分析, 运行 Lingo/Options..., 选择 General Solver 标签, 在 Dual Computations 列表框中, 选择 Prices&Ranges 选项.

下面看一个应用实例.

例 1.5.3 一奶制品加工厂用牛奶生产 A_1, A_2 两种奶制品, 1 桶牛奶可以在甲车间用 12 小时加工成 3 千克 A_1，或者在乙车间用 8 小时加工成 4 千克 A_2．根据市场需求，生产出的 A_1，A_2 能全部售出，且每千克 A_1 获利 24 元，每千克 A_2 获利 16 元．已知每天加工厂能得到 50 桶牛奶的供应，工人每天总的劳动时间为 520 小时，并且甲车间的设备每天至多能加工 120 千克 A_1，乙车间设备的加工能力可以认为没有上限限制（即加工能力足够大）．试为该厂制定一个生产计划，使每天获利最大，并进一步讨论以下 3 个附加问题：

（1）若用 35 元可以买到 1 桶牛奶，是否作这项投资？若投资，每天最多购买多少桶牛奶？

（2）若可以聘用临时工人以增加劳动时间，付给临时工人的工资最多是每小时几元？

（3）由于市场需求变化，每千克 A_1 的获利增加到 30 元，是否应该改变生产计划？

问题分析：

这个问题的目标是使每天的获利最大，要作的决策是生产计划，即每天用多少桶牛奶生产 A_1，用多少桶牛奶生产 A_2．

决策受到 3 个条件的限制：原料（牛奶）供应、劳动时间、甲车间的加工能力．按照题目所给，将决策变量、目标函数和约束条件用数学符号及式子表示出来，就可得到该问题的模型．

基本模型：

决策变量：设每天用 x_1 桶牛奶生产 A_1，用 x_2 桶牛奶生产 A_2．

目标函数：设每天获利为 z 元．x_1 桶牛奶可生产 $3x_1$ 千克 A_1，获利 $24 \times 3x_1$ 元，x_2 桶牛奶可生产 $4x_2$ 千克 A_2，获利 $16 \times 4x_2$，故 $z = 72x_1 + 64x_2$．

约束条件：

原料供应：生产 A_1，A_2 的原料（牛奶）总量不得超过每天的供应，即 $x_1 + x_2 \leq 50$；

劳动时间：生产 A_1，A_2 的总加工时间不得超过每天正式工人总的劳动时间，即

$$12x_1 + 8x_2 \leq 520;$$

设备能力：A_1 的产量不得超过甲车间设备每天的加工能力，即 $3x_1 \leq 120$；

非负约束：x_1，x_2 均不能为负值，即 $x_1 \geq 0$，$x_2 \geq 0$．

综上可得该问题的线性规划模型为：

$$\max z = 72x_1 + 64x_2$$

$$s.t. \begin{cases} x_1 + x_2 \leq 50 \\ 12x_1 + 8x_2 \leq 520 \\ 3x_1 \leq 120 \\ x_1 \geq 0, x_2 \geq 0 \end{cases}$$

编写 Lingo 程序如下:

```
max=72*x1+64*x2;
x1+x2<=50;
12*x1+8*x2<=520;
3*x1<=120;
```

求解这个模型，并激活灵敏度分析，可得如下结果:

```
Global optimal solution found.
Objective value:                          3440.000
Total solver iterations:                          2
Variable         Value         Reduced Cost
    X1         30.00000          0.000000
    X2         20.00000          0.000000
    Row     Slack or Surplus      Dual Price
    1          3440.000          1.000000
    2          0.000000          48.00000
    3          0.000000          2.000000
    4          30.00000          0.000000
           Ranges in which the basis is unchanged:
           Objective Coefficient Ranges:
                Current         Allowable        Allowable
Variable      Coefficient      Increase         Decrease
    X1         72.00000         24.00000         8.000000
    X2         64.00000         8.000000         16.00000
           Righthand Side Ranges:

           Current         Allowable        Allowable
Row        RHS             Increase         Decrease
2          50.00000        15.00000         5.000000
3          520.0000        40.00000         120.0000
4          120.0000        INFINITY         30.00000
```

可以看出，这个线性规划模型的最优解为 $x_1^* = 30$，$x_2^* = 20$，最优值为 $z^* = 3440$，即用 30 桶牛奶生产 A_1，20 桶牛奶生产 A_2，可获最大利润 3440 元.

灵敏度分析结果:

上面的输出中除了给出问题的最优解和最优值以外，还有许多对分析结果有用的信息，下面结合题目中提出的三个附加问题给予说明.

（1）3 个约束条件的右端不妨看作 3 种"资源"：原料、劳动时间、甲车间设备的加工能力. 输出中 Slack or Surplus 给出这 3 种资源在最优解下是否有剩余：原料、劳动时间的剩余均为零（即约束为紧约束），甲车间设备尚余 30 千克加工能力（不是紧约束）.

（2）目标函数可以看做"效益"，成为紧约束的"资源"一旦增加，"效益"

必然跟着增长. 输出中 Dual Price 给出这 3 种资源在最优解下"资源"增加 1 个单位时"效益"的增量：原材料增加 1 个单位（1 桶牛奶）时利润增长 48 元，劳动时间增加 1 个单位（1 小时）时利润增长 2 元，而增加非紧约束甲车间设备的能力显然不会使利润增长. 这里，"效益"的增量可以看作"资源"的潜在价值，经济学上称为**影子价格**，即 1 桶牛奶的影子价格为 48 元，1 小时劳动的影子价格为 2 元，甲车间设备的生产能力的影子价格为零.

（3）可以用直接求解的办法验证上面的结论，即将输入文件中的原料约束 2 右端的 50 改为 51，得到的最优值（利润）恰好增长 48 元.

用影子价格的概念很容易回答附加问题 1：用 35 元可以买到 1 桶牛奶，低于 1 桶牛奶的影子价格，当然应该作这项投资.

关于附加问题 2：聘用临时工人以增加劳动时间，付给的工资低于劳动时间的影子价格才可以增加利润，所以工资最多是每小时 2 元.

关于附加问题 3：目标函数的系数发生变化时（假定约束条件不变），最优解和最优值会改变吗？这个问题不能简单地回答.

上面的输出结果中 Ranges in which the basis is unchanged 部分给出了最优基不变条件下目标函数系数的允许变化范围：x_1 的系数范围为 $[72-8, 72+24]=[64, 96]$；x_2 的系数范围为 $[64-16, 64+8]=[48, 72]$. 注意：x_1 系数的允许范围需要 x_2 的系数 64 不变，反之亦然. 由于目标函数系数的变化并不影响约束条件，因此此时最优基不变可以保证最优解也不变，但最优值变化. 用这个结果很容易回答附加问题（3）：若每千克 A_1 的获利增加到 30 元，则 x_1 系数变为 $30 \times 3 = 90$，恰在允许范围内，所以不应改变生产计划，但最优值变为 3980.

下面对"资源"的影子价格作进一步的分析.

影子价格的作用（即在最优解下"资源"增加 1 个单位时"效益"的增量）是有限制的. 每增加 1 桶牛奶利润增长 48 元（影子价格），但是，从上面输出中可以看出，约束的右端项（Current RHS）的"允许增加"（Allowable Increase）和"允许减少"（Allowable Decrease）给出了影子价格有意义条件下约束右端的限制范围（因为此时最优基不变，所以影子价格才有意义；如果最优基已经变了，那么结果中给出的影子价格也就不正确了）.

具体对本例来说：牛奶最多增加 15 桶，劳动时间最多增加 40 小时.

对于附加问题 1 的第 2 问，虽然应该批准用 35 元买 1 桶牛奶的投资，但每天最多购买 15 桶牛奶.

顺便指出，可以用低于每小时 2 元的工资聘用临时工人以增加劳动时间，但最多增加 40 小时.

需要注意的是：灵敏度分析给出的只是最优基保持不变的充分条件，而不一定是必要条件. 比如对于上面的问题，"牛奶最多增加 15 桶"的含义只能是"牛奶增加 15 桶"时最优基保持不变，所以影子价格有意义，即利润的增加大于牛奶的投资. 反过来，牛奶增加超过 15 桶，最优基是否一定改变？影子价格是否一定没有意义？一般来说，这是不能从灵敏度分析报告中直接得到的．此时，应该重新用新数据求解线性规划模型，才能作出判断，所以严格来说，我们上面回答"牛奶最多增加 15 桶"并不是完全科学的．

1.6 线性规划问题的应用

应用线性规划解决经济、管理领域的实际问题，最重要的一步是建立实际问题的线性规划模型．这是一项技巧性很强的创造性工作，既要求对研究的问题有深入了解，又要求很好地掌握线性规划模型的结构特点，并具有对实际问题进行数学描述的较强能力．

一般说来，一个经济、管理问题满足以下条件时才能适用线性规划模型：

（1）实际问题所要求达到的目标能用数值指标的线性函数来表示；

（2）存在多种实现目标的可行方案；

（3）要实现的目标受到一定条件的制约，而这些条件均能用线性方程（等式或不等式）描述．

对满足上述条件的实际问题，能否成功地应用线性规划加以解决，关键在于能否恰当地建立其模型，简称建模．由于实际问题的复杂性，这往往是最困难的工作．

对于经过概括、抽象而简化了的实际问题，一般可按照决策变量、约束条件、目标函数的次序，逐步建立其线性规划模型．其中决策变量的选取至关重要，模型的好坏以及成败与否，将在很大程度上取决于决策变量如何选定．因此，恰当地设定决策变量是建模的首要环节．

下面通过一些例子来说明如何将一些实际问题归结为线性规划的数学模型．

1.6.1 排班问题

例 1.6.1 某昼夜服务的公交线路每天各时间区段内所需司机和乘务人员数见表 1-4．

表 1-4

班次	时间	所需人数
1	6:00～10:00	60
2	10:00～14:00	70
3	14:00～18:00	60
4	18:00～22:00	50
5	22:00～2:00	20
6	2:00～6:00	30

设司机和乘务人员分别在各时间区段一开始时上班，并连续工作八小时，问

该公交线路至少配备多少名司机和乘务人员.

解 这是一个典型的排班问题.

（1）决策变量.

本问题要做的决策是确定不同班次的人数. 设 x_i 为第 i 班次配备的司机和乘务人员人数（ $i=1,2,3,4,5,6$ ）.

（2）约束条件.

每个班次的在岗人数必须不少于最少需要的人数. 从而有

$$x_6 + x_1 \geqslant 60$$
$$x_1 + x_2 \geqslant 70$$
$$x_2 + x_3 \geqslant 60$$
$$x_3 + x_4 \geqslant 50,$$
$$x_4 + x_5 \geqslant 20$$
$$x_5 + x_6 \geqslant 30$$

人数显然不能为负，因而

$$x_i \geqslant 0 \ （ i=1,2,3,4,5,6 ）.$$

（3）目标函数.

本问题的目标是配备司乘人员最少，即

$$\min z = \sum_{i=1}^{6} x_i ,$$

由此得出该问题数学模型如下：

$$\min z = \sum_{i=1}^{6} x_i$$

$$s.t. \begin{cases} x_6 + x_1 \geqslant 60 \\ x_1 + x_2 \geqslant 70 \\ x_2 + x_3 \geqslant 60 \\ x_3 + x_4 \geqslant 50 \\ x_4 + x_5 \geqslant 20 \\ x_5 + x_6 \geqslant 30 \\ x_i \geqslant 0 \ （ i=1,2,3,4,5,6 ） \end{cases}$$

Lingo 求解结果如下：第 1 班次需人数 60 名，第 2 班次需人数 10 名，第 3 班次需人数 50 名，第 5 班次需人数 30 名，第 4 和第 6 班次不用安排人手，此时所需总人数最少，为 150 名.

1.6.2　产品配套问题

例 1.6.2　某厂生产一种产品，由 3 个 A_1 零件和 4 个 A_2 零件配套组装而成. 已知该厂有 B_1、B_2 两种机床可用于加工上述两种零件，每种机床的台数以及每台机床每个工作日全部用于加工某一种零件的最大产量（件/日）如表 1-5 所示．试求该产品产量最大的生产方案．

表 1-5

机床种类	机床台数（台）	每台机床产量（件/日）	
		A_1	A_2
B_1	5	27	40
B_2	8	15	36

解 该题不是单纯要求两种零件产量越大越好，而是要求每个工作日按 3:4 的比例生产出来的 A_1，A_2 零件的套数达到最大．

（1）决策变量．

设以 x_{ij} 表示 B_i（$i=1,2$）机床每个工作日加工 A_j（$j=1,2$）零件的时间（单位：工作日），z 为 A_1，A_2 零件按 3:4 的比例配套的数量（套/日）．

（2）约束条件．

工时约束：

$$x_{11} + x_{12} = 1$$
$$x_{21} + x_{22} = 1$$

配套约束：显然，原问题等价于

机床种类	每种机床产量（件/日）	
	A_1	A_2
B_1	135	200
B_2	120	288

据此可列出零件配套约束：

$$z = \min\{\frac{1}{3}(135x_{11} + 120x_{21}), \frac{1}{4}(200x_{12} + 288x_{22})\}$$

可等价写为下述形式：

$$z \leqslant \frac{1}{3}(135x_{11} + 120x_{21})$$

$$z \leqslant \frac{1}{4}(200x_{12} + 288x_{22})$$

即

$$z - 45x_{11} - 40x_{21} \leqslant 0$$
$$z - 50x_{12} - 72x_{22} \leqslant 0$$

（3）目标函数.

该问题的目标是 A_1、A_2 零件按 3:4 的比例配套的数量达到最大，即

$$\max z$$

则该问题的线性规划模型为：

$$\max z$$

$$s.t.\begin{cases} x_{11} + x_{12} = 1 \\ x_{21} + x_{22} = 1 \\ z - 45x_{11} - 40x_{21} \leqslant 0 \\ z - 50x_{12} - 72x_{22} \leqslant 0 \\ z, x_{11}, x_{12}, x_{21}, x_{22} \geqslant 0 \end{cases}$$

Lingo 求解结果如下： B_1 机床每个工作日全部用于加工 A_1 零件，B_2 机床 0.2410714 个工作日用于加工 A_1 零件，0.7589286 个工作日用于加工 A_2 零件，此时 A_1、A_2 零件按 3:4 的比例配套生产的该产品产量达到最大，为 54.64286 套.

一般产品配套问题可描述如下：

某厂用 m 种机床 $A_1, A_2, \cdots, A_m$ 加工制造 n 种零件 $B_1, B_2, \cdots, B_n$，并用来组装一种产品. 组装一套产品需要 λ_j 个 B_j 零件（ $j = 1, 2, \cdots, n$ ），机床 A_i 每个工作日可加工 B_j 零件 a_{ij} 个（ $i = 1, 2, \cdots, m$ ）. 应如何分配机床负荷才能使生产的产品最多？

设 x_{ij} 为机床 A_i 每天加工 B_j 零件的时间（单位：工作日），z 为每个工作日按比例 $\lambda_1 : \lambda_2 : \cdots : \lambda_n$ 加工出来的 n 种零件的套数. 则该问题的线性规划模型为：

$$\max z$$

$$s.t.\begin{cases} \sum_{j=1}^{n} x_{ij} = 1 \\ z - \dfrac{1}{\lambda_j} \sum_{i=1}^{m} a_{ij} x_{ij} \leqslant 0 \\ x_{ij} \geqslant 0 \quad (i = 1, 2, \cdots, m; j = 1, 2, \cdots, n) \end{cases}$$

1.6.3 生产计划问题

下面介绍一个复杂些的生产计划问题.

例 1.6.3 某厂生产 I，II，III 三种产品，都分别经 A，B 两道工序加工. 设 A 工序可分别在设备 A_1 或 A_2 上完成，有 B_1，B_2，B_3 三种设备可用于完成 B 工序. 已知产品 I 可在任何一种设备上加工；产品 II 可在任何规格的 A 设备上加工，但完成 B 工序时，只能在 B_1 设备上加工；产品 III 只能在 A_2 与 B_2 设备上加工. 加工单位产品所需工序时间及其他各项数据见表 1-6 所示，试安排最优生产计划，使该厂获利最大.

表 1-6

设备	产品			设备有效台时	设备加工费（元/时）
	Ⅰ	Ⅱ	Ⅲ		
A_1	5	10		6000	0.05
A_2	7	9	12	10000	0.03
B_1	6	8		4000	0.06
B_2	4		11	7000	0.11
B_3	7			4000	0.05
原料费（元/件）	0.25	0.35	0.50		
售价（元/件）	1.25	2.00	2.80		

解

（1）决策变量.

设产品Ⅰ，Ⅱ，Ⅲ的产量分别为 x_1，x_2，x_3 件.

显然，产品有6种加工方案，分别利用设备(A_1,B_1)、(A_1,B_2)、(A_1,B_3)、(A_2,B_1)、(A_2,B_2)、(A_2,B_3)，各方案加工的产品Ⅰ数量用 $x_{11},x_{12},x_{13},x_{14},x_{15},x_{16}$ 表示；产品Ⅱ有2种加工方案，即(A_1,B_1)、(A_2,B_1)，加工数量用 x_{21},x_{22} 表示；产品Ⅲ只有1种加工方案(A_2,B_2)，加工数量恰为 x_3. 而

$$x_1 = x_{11} + x_{12} + x_{13} + x_{14} + x_{15} + x_{16},$$
$$x_2 = x_{21} + x_{22}.$$

（2）约束条件.

每台设备用于加工产品的台时数不能超过设备有效台时，即

$$5x_{11} + 5x_{12} + 5x_{13} + 10x_{21} \leqslant 6000,$$
$$7x_{14} + 7x_{15} + 7x_{16} + 9x_{22} + 12x_3 \leqslant 10000,$$
$$6x_{11} + 6x_{14} + 8x_{21} + 8x_{22} \leqslant 4000,$$
$$4x_{12} + 4x_{15} + 11x_3 \leqslant 7000,$$
$$7x_{13} + 7x_{16} \leqslant 4000,$$

产品数量显然不能为负，所以有

$$x_{ij} \geqslant 0.$$

（3）目标函数.

该问题的目标为获利最大，而利润为产品售价减去相应的原料费和设备加工费，设 z 为总利润，则有

$$z = (1.25 - 0.25)(x_{11} + x_{12} + x_{13} + x_{14} + x_{15} + x_{16}) + (2.0 - 0.35)(x_{21} + x_{22})$$
$$+ (2.80 - 0.50)x_3 - 0.05(5x_{11} + 5x_{12} + 5x_{13} + 10x_{21}) - 0.03(7x_{14} + 7x_{15}$$

$$+7x_{16}+9x_{22}+12x_3)-0.06(6x_{11}+6x_{14}+8x_{21}+8x_{22})-0.11(4x_{12}+4x_{15}$$
$$+11x_3)-0.05(7x_{13}+7x_{16}).$$

综上，可得该问题的线性规划模型如下：

$$\max z = (1.25-0.25)(x_{11}+x_{12}+x_{13}+x_{14}+x_{15}+x_{16})+(2.0-0.35)(x_{21}+x_{22})$$
$$+(2.80-0.50)x_3-0.05(5x_{11}+5x_{12}+5x_{13}+10x_{21})-0.03(7x_{14}+7x_{15}$$
$$+7x_{16}+9x_{22}+12x_3)-0.06(6x_{11}+6x_{14}+8x_{21}+8x_{22})-0.11(4x_{12}+4x_{15}$$
$$+11x_3)-0.05(7x_{13}+7x_{16})$$

$$s.t.\begin{cases}5x_{11}+5x_{12}+5x_{13}+10x_{21}\leqslant 6000\\7x_{14}+7x_{15}+7x_{16}+9x_{22}+12x_3\leqslant 10000\\6x_{11}+6x_{14}+8x_{21}+8x_{22}\leqslant 4000\\4x_{12}+4x_{15}+11x_3\leqslant 7000\\7x_{13}+7x_{16}\leqslant 4000\\x_{ij}\geqslant 0\end{cases}$$

应用 Lingo 求解可得如下结果：

生产产品 I 1430.0493 件，生产产品 II 500 件，生产产品 III 324.1379 件，可获得最大利润，此时，最大利润为 1190.567 元.

1.6.4 配料问题

例 1.6.4 某化工厂要用甲、乙、丙三种原料混合配制出 A，B，C 三种不同的产品. 产品的规格要求、原料的供应量以及原料的单位价格如表 1-7 所示.

表 1-7

原料 产品	甲	乙	丙	利润（元/千克）
A	≥50%	≤25%	不限	65
B	≥25%	≤50%	不限	25
C	不限	不限	不限	30
最大供量（千克/天）	100	150	120	

问该公司应如何安排生产，才能使总利润达到最大？

解 该问题为多种产品的配料问题，因此不能单独考虑每一产品的最经济配料方案，而必须总体上考虑各产品的配方及产量，目标是使总成本达到最小.

本问题的难点在于给出的数据为非确定数值，而且各产品与原料的关系较为复杂. 为方便起见，设 x_{ij} 表示第 i（$i=1$ 为 A、$i=2$ 为 B、$i=3$ 为 C）种产品的日产量（千克）中所含第 j（$j=1$ 为甲、$j=2$ 为乙、$j=3$ 为丙）种原料的数量，则：

由规格要求，有

$$\frac{x_{11}}{x_{11}+x_{12}+x_{13}} \geqslant 0.5 , \quad \frac{x_{12}}{x_{11}+x_{12}+x_{13}} \leqslant 0.25 ,$$

$$\frac{x_{21}}{x_{21}+x_{22}+x_{23}} \geqslant 0.25 , \quad \frac{x_{22}}{x_{21}+x_{22}+x_{23}} \leqslant 0.5 .$$

整理后，得到

$$-x_{11}+x_{12}+x_{13} \leqslant 0,$$
$$-x_{11}+3x_{12}-x_{13} \leqslant 0,$$
$$-3x_{21}+x_{22}+x_{23} \leqslant 0,$$
$$-x_{21}+x_{22}-x_{23} \leqslant 0.$$

由资源约束，有

$$x_{11}+x_{21}+x_{31} \leqslant 100 ,$$
$$x_{12}+x_{22}+x_{32} \leqslant 150 ,$$
$$x_{13}+x_{23}+x_{33} \leqslant 120 .$$

令 z 表示总利润，本问题要求总利润最大，因而目标函数可表示为

$$\max \ z=65(x_{11}+x_{12}+x_{13})+25(x_{21}+x_{22}+x_{23})+30(x_{31}+x_{32}+x_{33}) .$$

综上所述，可得该问题的数学模型为：

$$\max \ z=65(x_{11}+x_{12}+x_{13})+25(x_{21}+x_{22}+x_{23})+30(x_{31}+x_{32}+x_{33}) ,$$

$$s.t. \begin{cases} -x_{11}+x_{12}+x_{13} \leqslant 0 \\ -x_{11}+3x_{12}-x_{13} \leqslant 0 \\ -3x_{21}+x_{22}+x_{23} \leqslant 0 \\ -x_{21}+x_{22}-x_{23} \leqslant 0 \\ x_{11}+x_{21}+x_{31} \leqslant 100 \\ x_{12}+x_{22}+x_{32} \leqslant 150 \\ x_{13}+x_{23}+x_{33} \leqslant 120 \\ x_{ij} \geqslant 0 \quad (i,\ j=1,2,3) \end{cases} .$$

应用 Lingo 求解可得如下结果：

每天生产产品 A200 千克，分别用甲原料 100 千克以及丙原料 100 千克配制而成；生产产品 C170 千克，分别用乙原料 150 千克以及丙原料 20 千克配制而成，这样每天总利润最大，为 18100 元。

配料问题的一般提法为：要用 n 种原料 A_1，A_2，$\cdots$，A_n 配制具有 m 种成分 B_1，B_2，$\cdots$，B_m 的某产品，规定每一单位产品中所含第 i 种成分 B_i 的数量不低于 b_i（$i=1,2,\cdots,m$）。原料 A_j 的单价为 c_j，最大供量为 d_j，每一单位原料 A_j 所含 B_i 成分的数量为 a_{ij}。要求配成的产品总量不低于 e，则应如何配料，才能既满足需要又使总成本最低？

第 1 章 线性规划

25

设 x_j（$j=1,2,\cdots,n$）为配制该产品所用原料 A_j 的数量，z 为原料总成本，则该问题的数学模型为：

$$\min \ z = \sum_{j=1}^{n} c_j x_j$$

$$s.t. \begin{cases} \sum\limits_{j=1}^{n} a_{ij} x_j \Big/ \sum\limits_{j=1}^{n} x_j \geqslant b_i \\ \sum\limits_{j=1}^{n} x_j \geqslant e \\ 0 \leqslant x_j \leqslant d_j \quad (i=1,2,\cdots,m; j=1,2,\cdots,n) \end{cases}$$

习题 1

1. 一家工厂制造三种产品，需要三种资源：技术服务、劳动力和行政管理. 表 1-8 列出了三种单位产品对每种资源的需要量.

表 1-8

产品	资源（小时）			单位利润
	技术服务	劳动力	行政管理	（元）
1	1	10	2	10
2	1	4	2	6
3	1	5	6	4

现有 100 小时的技术服务，600 小时的劳动力和 300 小时的行政管理时间可供使用. 试确定能使总利润最大的生产方案.

2. 某种产品包括三个部件，它们是由 4 个不同的部门生产的，而每个部门有一个有限的生产时数，表 1-9 给出三个部件的生产率，现在要确定每一部门分配给每一部件的工作时数，使得完成产品的件数最多. 试建立这个问题的线性规划模型（不求解）.

表 1-9

部门	能力	生产率（件数/小时）		
		部件 1	部件 2	部件 3
1	100	10	15	5
2	150	15	10	5
3	80	20	5	10
4	200	10	15	20

3．将下列线性规划问题化成标准形.

（1） $\min z = 2x_1 + 3x_2 + 7x_3$

$$s.t.\begin{cases} x_1 - x_2 + 4x_3 \geqslant -18 \\ -2x_1 + 7x_2 - 9x_3 = 12 \\ 19x_1 + 5x_2 + 7x_3 \leqslant 13 \\ x_1 \geqslant 0, x_2 \leqslant 0 \end{cases}.$$

（2） $\min z = 3x_1 + 4x_2 + 2x_3 - x_4$

$$s.t.\begin{cases} 3x_1 - x_2 + x_3 \leqslant 7 \\ 4x_1 + x_2 + 6x_3 \geqslant 5 \\ -x_1 - x_2 + x_3 + 2x_4 = -1 \\ x_1 \geqslant 2, x_3 \geqslant 0 \end{cases}.$$

4．某服装厂生产男式童装和女式童装．产品的销路很好，但有三道工序即裁剪、缝纫和检验限制了生产的发展．已知制作一件童装需要这三道工序的工时数、预计下个月内各工序所拥有的工时数以及每件童装所提供的利润如表 1-10 所示．该厂生产部经理希望知道下个月内使利润最大的生产计划．

表 1-10

工序＼产品	男式童装	女式童装	下个月生产能力/小时
裁剪	1	3/2	900
缝纫	1/2	1/3	300
检验	1/8	1/4	100
利润/（元/件）	5	8	

（1）建立这一问题的线性规划模型，并将它化为标准形；

（2）求出最优解及最优值；

（3）每道工序实际上使用了多少工时？

（4）各个松弛变量的值是多少？

5．对下列线性规划问题找出所有基本解，指出哪些是基本可行解，并确定最优解.

（1） $\max z = 2x_1 + 3x_2 + 4x_3 + 7x_4$

$$s.t.\begin{cases} 2x_1 + 3x_2 - x_3 - 4x_4 = 8 \\ x_1 - 2x_2 + 6x_3 - 7x_4 = -3 \\ x_1, x_2, x_3, x_4 \geqslant 0 \end{cases}.$$

（2） $\min z = 5x_1 - 2x_2 + 3x_3 - 6x_4$

$$s.t.\begin{cases} x_1 + 2x_2 + 3x_3 + 4x_4 = 7 \\ 2x_1 + x_2 + x_3 + 2x_4 = 3 \\ x_1, x_2, x_3, x_4 \geqslant 0 \end{cases}.$$

6．写出下列线性规划问题的对偶问题.

（1） $\max z = 2x_1 + x_2 + x_3$

$$s.t.\begin{cases} 6x_1 + x_2 + 3x_3 \leqslant 20 \\ x_1 + 5x_2 + 2x_3 \leqslant 30 \\ x_1, x_2, x_3 \geqslant 0 \end{cases}.$$

（2） $\min z = 4x_1 + 3x_2 + 2x_3$

$$s.t.\begin{cases} x_1 + 2x_2 + 2x_3 \geqslant 220 \\ 4x_1 + x_2 + 5x_3 \geqslant 300 \\ x_1, x_2, x_3 \geqslant 0 \end{cases}.$$

（3）$\min z = x_1 + 3x_2 + 5x_3$

$$s.t. \begin{cases} 3x_1 + 2x_2 + 4x_3 = 15 \\ 2x_1 + 7x_2 + 3x_3 = 25 \\ 9x_1 + 5x_2 + 8x_3 = 36 \\ x_1, x_2, x_3 \geq 0 \end{cases}.$$

（4）$\max z = 5x_1 + 3x_2$

$$s.t. \begin{cases} 2x_1 - x_2 + 4x_3 \geq 2 \\ 3x_1 + x_2 - 5x_3 \geq 3 \\ 4x_1 - x_2 - 7x_3 \geq 1 \\ x_1, x_2, x_3 \geq 0 \end{cases}.$$

7. 写出下列线性规划问题的对偶问题.

（1）$\min z = 2x_1 + 2x_2 + 4x_3$

$$s.t. \begin{cases} x_1 + 3x_2 + 4x_3 \geq 5 \\ 2x_1 + x_2 + 3x_3 \leq 2 \\ x_1 + 4x_2 + 3x_3 = 6 \\ x_1, x_2 \geq 0 \end{cases}.$$

（2）$\max z = 5x_1 + 6x_2 + 2x_3$

$$s.t. \begin{cases} x_1 + 2x_2 + 2x_3 = 7 \\ -x_1 + 5x_2 - x_3 \geq 4 \\ 4x_1 + 7x_2 - 3x_3 \leq 9 \\ x_2 \geq 0, x_3 \leq 0 \end{cases}.$$

（3）$\min z = 2x_1 + 3x_2 + 5x_3 - x_4$

$$s.t. \begin{cases} 3x_1 + 4x_2 + 5x_3 + 7x_4 = 17 \\ 2x_1 + 7x_2 + 3x_3 + 8x_4 \geq 19 \\ x_1 - 2x_2 + 5x_3 - 13x_4 \leq 15 \\ x_1 \geq 0, x_2 \leq 0, x_4 \geq 0 \end{cases}.$$

（4）$\max z = 6x_1 + 11x_2 - 5x_4$

$$s.t. \begin{cases} 9x_1 - 2x_2 + 5x_3 + x_4 \geq 12 \\ 13x_1 + 3x_2 - 15x_4 \geq 6 \\ 14x_1 - 5x_2 + 27x_3 \geq 21 \\ x_2 \leq 0, x_3 \geq 0 \end{cases}.$$

8. 某企业生产 3 种产品甲，乙，丙，产品所需的主要原料为 A 和 B 两种，每单位原料 A 可生产产品甲，乙，丙的底座分别为 12，18，16 个；每个产品甲，乙，丙需要原料 B 分别为 13kg，8kg，10kg，设备生产用时分别为 10.5，12.5，8 台时，每个产品的利润分别为 1450 元，1650 元，1300 元. 按月计划，可提供的原料 A 为 20 个单位，原料 B 为 350kg，设备正常的月工作时间为 3000 台时. 试建立该问题的数学模型，使企业所获利润最大.

9. 某工厂利用 3 种原料生产 5 种产品，每万件产品所用原料数如表 1-11 所示.

表 1-11

利润 \ 产品	A	B	C	D	E	现有原料数（公斤）
甲	1	2	1	0	1	10
乙	1	0	1	3	2	25
丙	1	2	2	2	3	21
每万件产品利润（万元）	8	20	10	20	23	

（1）求最优生产计划；

（2）若引进新产品 F，已知产品 F 每万件要用原料甲，乙，丙分别为 1、2 和 1 公斤，每万件产品 F 的利润为 12 万元，问 F 是否应该投产？

（3）若新增加煤耗不许超过 10 吨的限制，而生产每万件 A，B，C，D，E 产品分别需要用煤 3、2、1、2 和 1 吨，问原最优方案是否需要改变？

10. 某工厂想要把具有下列成分的几种合金混合成为一种含铅、锌及锡分别不低于 30%、20% 与 50% 的新合金．问：怎样混合才能使生产费用最小？试建立该问题的线性规划模型（不求解）．

表 1-12

成分＼合金	1	2	3	4	5
含铅（%）	30	10	50	10	50
含锌（%）	60	20	20	10	10
含锡（%）	10	70	30	80	40
费用（元/公斤）	8.5	6.0	8.9	5.7	8.8

11. 某工厂生产 A_1，A_2 两种新产品．一件 A_1 产品需要在车间 1 加工 1 小时，在车间 3 加工 2 小时；一件 A_2 产品需在车间 2 和车间 3 各加工 2 小时．而车间 1，车间 2，车间 3 每周可用于生产这两种新产品的时间分别为 6 小时，12 小时和 18 小时．已知每件产品 A_1 的利润为 300 元，每件产品 A_2 的利润为 500 元．问该工厂如何安排这两种新产品的生产计划，才能使总利润最大（假定生产出的两种新产品能全部售出）？

12. 某饲养场饲养动物，设每只动物每天至少需要 70 克蛋白质、3 克矿物质、12 毫克维生素．现有五种饲料可供选用，各种饲料每千克营养成分含量及单价如表 1-13 所示．

表 1-13

饲料	蛋白质（克）	矿物质（克）	维生素（毫克）	价格（元/千克）
1	3	1	0.6	2
2	2	0.5	1.2	8
3	1	0.3	0.1	3
4	6	2	2	4
5	17	0.6	0.9	9

试确定既能满足动物生长的营养要求，又能使费用最省的选择饲料的方案．

13. 有 A_1，A_2，A_3，A_4 四种零件均可在设备 B_1 或 B_2 上加工，已知在这两种设备上分别加工一个零件的费用如表 1-14 所示．现要求加工 A_1，A_2，A_3，A_4 四种零件各 4 件．问：应如何安排使总的费用最小？

第 1 章 线性规划

表 1-14

设备 \ 零件	A_1	A_2	A_3	A_4
B_1	50	70	80	40
B_2	30	90	60	80

14. 一家昼夜服务的饭店，24 小时中需要的服务员数量如表 1-15 所示.

表 1-15

时间	服务员的最少人数
2～6	4
6～10	8
10～14	10
14～18	7
18～22	12
22～2	4

每个服务员每天连续工作八小时，且在时段开始时上班. 问：要满足上述要求，需最少配备多少服务员？

15. 某医院的护士分四个班次，每班工作 12 小时. 报到的时间分别是早上 6 点、中午 12 点、下午 6 点和夜间 12 点. 每班需要的人数分别为 18 人、20 人、19 人和 15 人. 问：每天最少需要派多少护士值班？

16. 新华超市是个中型超市，它对售货员的需求经过统计分析如表 1-16 所示.

表 1-16

时间	所需售货员人数
星期一	16
星期二	25
星期三	26
星期四	20
星期五	32
星期六	40
星期日	36

为了保证售货人员充分休息，售货人员每周工作 5 天，休息 2 天，并要求休息的 2 天是连续的. 问：应如何安排售货人员的作息，才能既满足工作需要，又

使配备的售货人员的人数最少？

17. 已知某工厂计划生产 A，B，C 三种产品，各产品需要在甲，乙，丙设备上加工，有关数据见表 1-17.

表 1-17

设备＼产品	A	B	C	工时限制/每月
甲	8	16	10	304
乙	10	5	8	400
丙	2	13	10	420
单位产品利润/千元	3	2	2.5	

问：（1）如何安排生产计划，使工厂获利最大？

（2）若为了增加产量，可借用别的工厂的设备甲，每月可借用 60 台时，租金 1.8 万元，是否合算？

（3）若增加设备乙的台时是否可使工厂总利润进一步增加？

（4）若产品 B 的利润变为 5 千元，最优生产计划会不会改变？

18. 某公司受委托，准备把 150 万元投资基金 A 和 B，其中 A 基金的单位投资额为 100 元，年回报率为 10%，基金 B 的单位投资额为 200 元，年回报率为 5%. 委托人要求在每年的年回报金额至少达到 5 万元的基础上投资风险最小. 据测定单位基金 A 的投资风险指数为 8，单位基金 B 的投资风险指数为 4，风险指数越大表明投资风险越大. 委托人要求至少在基金 B 中的投资额不少于 30 万元. 为了使总的投资风险指数最小，该公司应该在基金 A 和 B 中各投资多少？这时每年的回报金额是多少？

19. 某咨询公司受厂商的委托对新上市的一种产品进行消费者反映的调查. 该公司采用了挨户调查的方法，委托他们调查的厂商以及该公司的市场研究专家对该调查提出下列几点要求：

（1）必须调查 2000 户家庭.
（2）在晚上调查的户数和白天调查的户数相等.
（3）至少应调查 700 户有孩子的家庭.
（4）至少应调查 450 户无孩子的家庭.

调查一户家庭所需费用如表 1-18 所示.

表 1-18

家庭	白天调查	晚上调查
有孩子	25 元	30 元
无孩子	20 元	26 元

请用线性规划的方法，确定白天和晚上调查这两种家庭的户数，使得总调查费最少？

20．一种汽油的特性可用两个指标描述：其点火性用"辛烷数"描述，其挥发性用"蒸气压力"描述．某炼油厂有 4 种标准汽油，其标号分别为 1，2，3，4，各种标号的标准汽油的特性及库存量列于表 1-19 中，将上述标准汽油适量混合，可得两种飞机汽油，分别标为 1 和 2，这两种飞机汽油的性能指标及产量需求列于表 1-20 中．问应如何根据库存情况适量混合各种标准汽油，使既满足飞机汽油的性能指标，而产量又最高．（1 g/cm^2=98Pa）

表 1-19

标准汽油	辛烷数	蒸气压力（g/cm^2）	库存量（L）
1	107.5	7.11×10^{-2}	380000
2	93.0	11.38×10^{-2}	262200
3	87.0	5.69×10^{-2}	408100
4	108.0	28.45×10^{-2}	130100

表 1-20

飞机汽油	辛烷数	蒸气压力（g/cm^2）	产量需求（L）
1	≥91	≤9.96×10^{-2}	越多越好
2	≥100	≤9.96×10^{-2}	≥250000

21．某公司生产 3 种产品 A_1，A_2，A_3，它们在 B_1，B_2 两种设备上加工，并耗用 C_1，C_2 两种原材料．已知生产单位产品耗用的设备时间和原材料、单位产品利润及设备和原材料的最多可使用量如表 1-21 所示．

表 1-21

资源	产品			每天最多可使用量
	A_1	A_2	A_3	
设备 B_1（min）	1	2	1	430
设备 B_2（min）	3	0	2	460
原料 C_1（kg）	1	4	0	420
原料 C_2（kg）	1	1	1	300
每件利润（元）	30	20	50	

已知对产品 A_2 的需求每天不低于 70 件，A_3 不超过 240 件．经理会议讨论如

何增加公司收入，提出了如下建议：

（1）产品 A_3 提价，使每件利润增至 60 元，但市场销量将下降为每天不超过 210 件；

（2）设备 B_1 和 B_2 每天可增加 40min 的使用时间，但相应需支付额外费用各 350 元；

（3）产品 A_2 的需求增加到每天 100 件；

（4）产品 A_1 在 B_2 上的加工时间可缩短到 2min，但每天需额外支出 40 元.

分别讨论上述各条建议的可行性.

案例分析

案例 1：生产计划问题（I）

某仪表厂生产 B_1，B_2 两种产品. 现有一家商场向该厂订货，要求该厂今年第二季度供应这两种产品，商场各月的需求量如表 1-22 所示. 该厂的一般资源都很充裕，但有一种关键性设备 A_1 的工时和一种技术性很强的劳动力 A_2（以小时为单位）受到限制. 另外，库存容量 A_3 当然也是有限的. 具体数据如表 1-23 所示. 库存费按月计算，每件 B_1 为 0.1 元，每件 B_2 为 0.2 元. 从技术部门获得的每件产品对资源的消耗量也填写在表 1-23 中. 会计部门根据过去的经验，计算出每月的生产成本如表 1-24 所示. 该厂面临的决策问题是：根据现有资源情况和技术条件，应如何安排今年第二季度各月的生产计划，才能既满足商场的需求，又使总的费用最小？

表 1-22

月份 需求量/件 产品	四月	五月	六月
B_1	2000	4000	5000
B_2	1000	1500	2500

表 1-23

产品 每件产品消耗资源 资源	B_1	B_2	资源拥有量		
			四月	五月	六月
A_1/小时	0.4	0.6	500	600	650
A_2/小时	0.3	0.2	400	350	300
A_3/立方米	0.05	0.06	1200	1200	1200

表 1-24

生产成本/（元/件） 产品 ＼ 月份	四月	五月	六月
B_1	7	9	10
B_2	12	14	15

案例 2：生产计划问题（II）

一家公司有 A 和 B 两个工厂，每个工厂生产两种同样的产品. 一种是普通的，一种是精制的. 普通产品每件可盈利 10 元，精制产品每件可盈利 15 元. 两厂采用相同的加工工艺——研磨和抛光来生产这些产品. A 厂每周的研磨能力为 80 小时，抛光能力为 60 小时；B 厂每周的研磨能力为 60 小时，抛光能力为 75 小时. 两厂生产各类单位产品所需的研磨和抛光工时（以小时计）如表 1-25 所示.

表 1-25

工厂	A 工厂		B 工厂	
产品	普通	精制	普通	精制
研磨	4	2	5	3
抛光	2	5	5	3

另外，每类每件产品都消耗 4kg 原材料，该公司每周可获得原材料 150kg. 问：

（1）若将原材料分配给 A 厂 100kg，B 厂 50kg；

（2）若原材料分配没有限制.

分别讨论上述两种情形下，应该如何制定生产计划可使总产值达到最大？

第2章 运输问题

本章学习目标

- 了解运输问题的基本概念
- 了解运输问题的三种基本类型
- 熟练掌握运输问题的建模方法
- 熟练掌握运输问题的应用

2.1 运输问题的数学模型

2.1.1 引例

本章讨论一类重要的线性规划问题——运输问题. 运输问题是线性规划诸多问题中较早引起人们关注的一类特殊问题. 一般的运输问题, 就是要解决把某种产品从若干个产地调运到若干个销地, 在每个产地的供应量和每个销地的需求量已知, 并知道各地之间运价的前提下, 如何确定一个使得总运费最小的方案.

下面首先分析如何建立运输问题的模型.

例 2.1.1 某地区有两个化肥厂, 每年产量分别为 A——7 万吨, B——8 万吨. 有三个产粮区需要该种化肥, 需求量为: 甲地区——6 万吨; 乙地区——5 万吨; 丙地区——4 万吨. 已知从各化肥厂到各产粮区的运价如表 2-1 所示. 试制定一个化肥调拨方案, 既能满足各产粮区需求, 又使总运费达到最少.

表 2-1　　　　　　　　　　　　　　　　单位: 万元 / 万吨

从＼到	甲	乙	丙	产量
A	12	18	19	7
B	22	15	17	8
需求量	6	5	4	

解 (1) 确定决策变量.

本问题的决策变量为从每个化肥厂运送多少万吨化肥到每个产粮区.

设 x_{ij} 为从化肥厂 i 运送到产粮区 j 的化肥数量 ($i = 1, 2$; $j = 1, 2, 3$).

（2）确定目标函数.

本问题的目标是使公司总运输成本最低，总运输成本为

$$z = 12x_{11} + 18x_{12} + 19x_{13} + 22x_{21} + 15x_{22} + 17x_{23}.$$

（3）由于总产量=总需求量，因而本问题的约束条件如下.

Ⅰ.从各化肥厂运出去的化肥数量应等于其产量，即

化肥厂 A：$\qquad x_{11} + x_{12} + x_{13} = 7$，

化肥厂 B：$\qquad x_{21} + x_{22} + x_{23} = 8$.

Ⅱ.各产粮区收到的化肥数量等于其需求量，即

产粮区甲：$\qquad x_{11} + x_{21} = 6$，

产粮区乙：$\qquad x_{12} + x_{22} = 5$，

产粮区丙：$\qquad x_{13} + x_{23} = 4$.

Ⅲ.各决策变量非负，即

$$x_{ij} \geqslant 0 \ (i=1,2;j=1,2,3,).$$

由此，可以得到下面运输问题的线性规划数学模型：

$$\min z = 12x_{11} + 18x_{12} + 19x_{13} + 22x_{21} + 15x_{22} + 17x_{23}$$

$$s.t.\begin{cases} x_{11} + x_{12} + x_{13} = 7 \\ x_{21} + x_{22} + x_{23} = 8 \\ x_{11} + x_{21} = 6 \\ x_{12} + x_{22} = 5 \\ x_{13} + x_{23} = 4 \\ x_{ij} \geqslant 0 \quad (i=1,2; j=1,2,3) \end{cases}$$

2.1.2 运输问题数学模型的一般形式

一般的运输问题可以表述为：设某种物资有 m 个产地 A_i（$i=1,2,\ldots,m$），其产量分别为 a_i，有 n 个销地 B_j（$j=1,2,\ldots,n$），其销量分别为 b_j；从产地 A_i 到销地 B_j 的运价为 c_{ij}.问应如何组织调运才能使总运费最少？

设 x_{ij} 为从产地 A_i 运往销地 B_j 的该种物资的数量，z 为总运费.则由 A_i 运出的物资总量应该等于其产量 a_i，所以 x_{ij} 应满足：

$$\sum_{j=1}^{n} x_{ij} = a_i, \quad i=1,2,\ldots,m,$$

同样，运往 B_j 的物资总量应等于其需求量 b_j，所以 x_{ij} 还应满足：

$$\sum_{i=1}^{m} x_{ij} = b_j, \quad j=1,2,\ldots,n,$$

而总运费为

$$z = \sum_{i=1}^{m} \sum_{j=1}^{n} c_{ij} x_{ij} ,$$

从而，可得一般运输问题的数学模型为：

$$\min \quad z = \sum_{i=1}^{m} \sum_{j=1}^{n} c_{ij} x_{ij}$$

$$s.t. \begin{cases} \sum_{j=1}^{n} x_{ij} = a_i \\ \sum_{i=1}^{m} x_{ij} = b_j \\ x_{ij} \geqslant 0 \quad (i = 1, 2, ..., m; j = 1, 2, ..., n) \end{cases}.$$

这就是产销平衡（总产量等于总销量）运输问题的数学模型. 它包括 $m \times n$ 个变量，$m+n$ 个约束方程.

运输问题除了产销平衡的情形，还有产销不平衡（总产量不等于总销量）的情形，即产大于销的运输问题和产小于销的运输问题，其模型可以仿照产销平衡运输问题的模型得出如下：

产大于销模型：

$$\min \quad z = \sum_{i=1}^{m} \sum_{j=1}^{n} c_{ij} x_{ij}$$

$$s.t. \begin{cases} \sum_{j=1}^{n} x_{ij} \leqslant a_i \\ \sum_{i=1}^{m} x_{ij} = b_j \\ x_{ij} \geqslant 0 \quad (i = 1, 2, ..., m; j = 1, 2, ..., n) \end{cases}.$$

产小于销模型：

$$\min \quad z = \sum_{i=1}^{m} \sum_{j=1}^{n} c_{ij} x_{ij}$$

$$s.t. \begin{cases} \sum_{j=1}^{n} x_{ij} = a_i \\ \sum_{i=1}^{m} x_{ij} \leqslant b_j \\ x_{ij} \geqslant 0 \quad (i = 1, 2, ..., m; j = 1, 2, ..., n) \end{cases}$$

2.2 运输问题的求解

2.2.1 运输问题解的特点

由上述产销平衡运输问题模型的特点，可以得到下面的结论：

（1）运输问题基变量的个数为 $m+n-1$ 个；

（2）运输问题一定存在最优解；

（3）若运输问题的供应量和需求量都是整数，则该问题一定有整数最优解.

2.2.2 运输问题的 Lingo 求解

运输问题通常用表上作业法求解，而表上作业法的本质即为单纯形法. 本节介绍如何用 Lingo 软件求解运输问题，由于运输问题是一种特殊的线性规划问题，因而用 Lingo 软件求解会比较容易.

例 2.2.1 用 Lingo 软件求解运输问题 2.1.1.

解 按照上述模型编写 Lingo 程序如下.

```
min =12*x11+18*x12+19*x13+22*x21+15*x22+17*x23;
x11+x12+x13=7;
x21+x22+x23=8;
x11+x21=6;
x12+x22=5;
x13+x23=4;
```

计算结果为：

```
Global optimal solution found.
 Objective value:                      217.0000
 Infeasibilities:                      0.000000
 Total solver iterations:                     1
 Model Class:                                LP

 Total variables:            6
 Nonlinear variables:        0
 Integer variables:          0
 Total constraints:          6
 Nonlinear constraints:      0
 Total nonzeros:             18
 Nonlinear nonzeros:         0

 Variable      Value          Reduced Cost
 X11           6.000000       0.000000
 X12           0.000000       1.000000
 X13           1.000000       0.000000
```

```
X21              0.000000            12.00000
X22              5.000000            0.000000
X23              3.000000            0.000000
Row        Slack or Surplus        Dual Price
1            217.0000               -1.000000
2            0.000000               0.000000
3            0.000000               2.000000
4            0.000000               -12.00000
5            0.000000               -17.00000
6            0.000000               -19.00000
```

最优运输方案：化肥厂 A 向产粮区甲和丙分别提供 6 万吨、1 万吨化肥，化肥厂 B 向产粮区乙和丙分别提供 5 万吨、3 万吨化肥. 最优总运费为 217 万元.

例 2.2.2 设某产品有三个产地 A_1，A_2，A_3，需要运往三个销地 B_1，B_2，B_3，各产地的产量、各销地的销量及各产地到各销地的单位运价如表 2-2 所示，问如何调运既能满足各销地的需求，又能使总的运费达到最少？

表 2-2

产地＼销地	B_1	B_2	B_3	产量
A_1	5	9	2	20
A_2	3	1	7	18
A_3	6	2	8	17
销量	18	12	16	

解：由于总产量大于总销量，因而该问题属于产大于销的运输问题.

设 x_{ij} 为从产地 A_i 运往销地 B_j 的该种物资的数量，z 为总运费. 则该问题的数学模型为

$$\min Z = 5x_{11} + 9x_{12} + 2x_{13} + 3x_{21} + x_{22} + 7x_{23} + 6x_{31} + 2x_{32} + 8x_{33}$$

$$s.t.\begin{cases} x_{11} + x_{12} + x_{13} \leqslant 20 \\ x_{21} + x_{22} + x_{23} \leqslant 18 \\ x_{31} + x_{32} + x_{33} \leqslant 17 \\ x_{11} + x_{21} + x_{31} = 18 \\ x_{12} + x_{22} + x_{32} = 12 \\ x_{13} + x_{23} + x_{33} = 16 \\ x_{ij} \geqslant 0 \quad (i = 1,2,3; j = 1,2,3) \end{cases}$$

因此，按照上述模型编写 Lingo 程序如下.

```
min =5*x11+9*x12+2*x13+3*x21+x22+7*x23+6*x31+2*x32+8*x33;
```

```
    x11+x12+x13<=20;
    x21+x22+x23<=18;
    x31+x32+x33<=17;
    x11+x21+x31=18;
    x12+x22+x32=12;
  x13+x23+x33=16;
```

计算结果为：

```
Global optimal solution found.
  Objective value:                110.0000
  Infeasibilities:                0.000000
  Total solver iterations:        4
  Model Class:                    LP
  Total variables:                9
  Nonlinear variables:            0
  Integer variables:              0
  Total constraints:              7
  Nonlinear constraints:          0
  Total nonzeros:                 27
  Nonlinear nonzeros:             0
Variable          Value          Reduced Cost
X11               0.000000       1.000000
X12               0.000000       7.000000
X13               16.00000       0.000000
X21               18.00000       0.000000
X22               0.000000       0.000000
X23               0.000000       6.000000
X31               0.000000       2.000000
X32               12.00000       0.000000
X33               0.000000       6.000000
Row           Slack or Surplus   Dual Price
1                 110.0000       -1.000000
2                 4.000000       0.000000
3                 0.000000       1.000000
4                 5.000000       0.000000
5                 0.000000       -4.000000
6                 0.000000       -2.000000
7                 0.000000       -2.000000
```

最优运输方案：由 A_1 运输到 B_3，A_2 运输到 B_1，A_3 运输到 B_2 的运量分别为 16、18、12，最优总运费为 110.

显然，由于总产量大于总销量，所有销地的需求都得到了满足．在最优方案下，产地 A_1 的产量还有 4 个没有运出去，产地 A_3 有 5 个没有运出去．

通过编写上面的程序，运输问题似乎轻而易举获得了解决，然而，上述编写程序的方式存在缺点，比如，上述方法不便于推广到一般情况，特别是当产地和销地的个数较多时，情况更为突出.

下面根据 Lingo 中集的思想，给出求解该问题的 Lingo 程序.

```
model:
sets:
warehouses/wh1,wh2,wh3/:capacity;
customers/v1,v2,v3/:demand;
links(warehouses,customers):cost,volume;
endsets
min=@sum(links:cost*volume);
@for(customers(j):
 @sum(warehouses(I):volume(I,j))=demand(j));
@for(warehouses(I):
 @sum(customers(j):volume(I,j))<=capacity(I));
data:
capacity=20 18 17;
demand=18 12 16;
cost=5 9 2
     3 1 7
     6 2 8 ;
enddata
end
```

计算结果为:

```
Global optimal solution found.
  Objective value:                    110.0000
  Infeasibilities:                    0.000000
  Total solver iterations:                   4
  Model Class:                              LP
  Total variables:                           9
  Nonlinear variables:                       0
  Integer variables:                         0
  Total constraints:                         7
  Nonlinear constraints:                     0
  Total nonzeros:                           27
  Nonlinear nonzeros:                        0
  Variable              Value        Reduced Cost
  CAPACITY( WH1)        20.00000     0.000000
  CAPACITY( WH2)        18.00000     0.000000
  CAPACITY( WH3)        17.00000     0.000000
  DEMAND( V1)           18.00000     0.000000
```

DEMAND(V2)	12.00000	0.000000	
DEMAND(V3)	16.00000	0.000000	
COST(WH1, V1)	5.000000	0.000000	
COST(WH1, V2)	9.000000	0.000000	
COST(WH1, V3)	2.000000	0.000000	
COST(WH2, V1)	3.000000	0.000000	
COST(WH2, V2)	1.000000	0.000000	
COST(WH2, V3)	7.000000	0.000000	
COST(WH3, V1)	6.000000	0.000000	
COST(WH3, V2)	2.000000	0.000000	
COST(WH3, V3)	8.000000	0.000000	
VOLUME(WH1, V1)	0.000000	1.000000	
VOLUME(WH1, V2)	0.000000	7.000000	
VOLUME(WH1, V3)	16.00000	0.000000	
VOLUME(WH2, V1)	18.00000	0.000000	
VOLUME(WH2, V2)	0.000000	0.000000	
VOLUME(WH2, V3)	0.000000	6.000000	
VOLUME(WH3, V1)	0.000000	2.000000	
VOLUME(WH3, V2)	12.00000	0.000000	
VOLUME(WH3, V3)	0.000000	6.000000	

Row	Slack or Surplus	Dual Price
1	110.0000	-1.000000
2	0.000000	-4.000000
3	0.000000	-2.000000
4	0.000000	-2.000000
5	4.000000	0.000000
6	0.000000	1.000000
7	5.000000	0.000000

例 2.2.3 某公司生产的产品需要从三个生产厂运往四个经销商，各生产厂的产量、各经销商的需求量及各生产厂到各经销商的单位运价如表 2-3 所示，问如何调运才能使总的运费达到最少？

表 2-3

经销商 生产厂	经销商 1	经销商 2	经销商 3	经销商 4	产量
生产厂 1	7	9	3	7	7
生产厂 2	2	9	2	8	4
生产厂 3	7	4	10	5	8
需求量	3	7	4	6	

解 由于总需求量大于总产量，因而该问题属于销大于产的运输问题.

设 x_{ij} 为从生产厂 i 运往经销商 j 的该种产品的数量，z 为总运费. 则该问题的数学模型为

$$\min z = 7x_{11} + 9x_{12} + 3x_{13} + 7x_{14} + 2x_{21} + 9x_{22} + 2x_{23} + 8x_{24}$$
$$+ 7x_{31} + 4x_{32} + 10x_{33} + 5x_{34}$$

$$s.t. \begin{cases} x_{11} + x_{12} + x_{13} + x_{14} = 7 \\ x_{21} + x_{22} + x_{23} + x_{24} = 4 \\ x_{31} + x_{32} + x_{33} + x_{34} = 8 \\ x_{11} + x_{21} + x_{31} \leqslant 3 \\ x_{12} + x_{22} + x_{32} \leqslant 7 \\ x_{13} + x_{23} + x_{33} \leqslant 4 \\ x_{14} + x_{24} + x_{34} \leqslant 6 \\ x_{ij} \geqslant 0 \quad (i = 1,2,3; j = 1,2,3,4) \end{cases}$$

按照上述模型编写 Lingo 程序如下.

```
model:
sets:
warehouses/f1,f2,f3/:capacity;
customers/b1,b2,b3,b4/:demand;
links(warehouses,customers):cost,volume;
endsets
min=@sum(links:cost*volume);
@for(customers(j):
 @sum(warehouses(I):volume(I,j))<=demand(j));
@for(warehouses(I):
 @sum(customers(j):volume(I,j))=capacity(I));
data:
capacity=7 4 8;
demand=3 7 4 6;
cost=7 9 3 7
     2 9 2 8
     7 4 10 5 ;
enddata
end
```

计算结果如下:

```
Global optimal solution found.
  Objective value:                          78.00000
  Infeasibilities:                          0.000000
  Total solver iterations:            7
```

Model Class:		LP
Total variables:		12
Nonlinear variables:		0
Integer variables:		0
Total constraints:		8
Nonlinear constraints:		0
Total nonzeros:		36
Nonlinear nonzeros:		0

Variable	Value	Reduced Cost
CAPACITY(F1)	7.000000	0.000000
CAPACITY(F2)	4.000000	0.000000
CAPACITY(F3)	8.000000	0.000000
DEMAND(B1)	3.000000	0.000000
DEMAND(B2)	7.000000	0.000000
DEMAND(B3)	4.000000	0.000000
DEMAND(B4)	6.000000	0.000000
COST(F1, B1)	7.000000	0.000000
COST(F1, B2)	9.000000	0.000000
COST(F1, B3)	3.000000	0.000000
COST(F1, B4)	7.000000	0.000000
COST(F2, B1)	2.000000	0.000000
COST(F2, B2)	9.000000	0.000000
COST(F2, B3)	2.000000	0.000000
COST(F2, B4)	8.000000	0.000000
COST(F3, B1)	7.000000	0.000000
COST(F3, B2)	4.000000	0.000000
COST(F3, B3)	10.00000	0.000000
COST(F3, B4)	5.000000	0.000000
VOLUME(F1, B1)	0.000000	4.000000
VOLUME(F1, B2)	0.000000	3.000000
VOLUME(F1, B3)	3.000000	0.000000
VOLUME(F1, B4)	4.000000	0.000000
VOLUME(F2, B1)	3.000000	0.000000
VOLUME(F2, B2)	0.000000	4.000000
VOLUME(F2, B3)	1.000000	0.000000
VOLUME(F2, B4)	0.000000	2.000000
VOLUME(F3, B1)	0.000000	6.000000
VOLUME(F3, B2)	7.000000	0.000000
VOLUME(F3, B3)	0.000000	9.000000
VOLUME(F3, B4)	1.000000	0.000000

Row	Slack or Surplus	Dual Price

1	78.00000	-1.000000
2	0.000000	4.000000
3	0.000000	1.000000
4	0.000000	4.000000
5	1.000000	0.000000
6	0.000000	-7.000000
7	0.000000	-6.000000
8	0.000000	-5.000000

最优运输方案: 由生产厂 1 运往经销商 3 和经销商 4 的运量分别为 3, 4; 由生产厂 2 运往经销商 1 和经销商 3 的运量分别为 3, 1; 由生产厂 3 运往经销商 2 和经销商 4 的运量分别为 7, 1. 最优总运费为 78.

从该方案可以观察到, 经销商 4 的需求没有完全得到满足, 这是自然的, 由于总产量与总需求量差 1, 三个生产厂的产量不足以满足所有经销商的需求, 现在得出的总运费是把所有的产量进行合理分配的结果.

2.3　运输问题的应用

由于运输问题的求解比较简便, 因此人们常常把日常生活中的一些实际问题转化为运输问题来处理. 但是并非任何问题都能转化成运输问题, 而且由于实际问题的复杂性, 目前运输问题中仍有相当一部分问题未得到解决. 尽管如此, 运输问题仍有较多的应用.

本节介绍运输问题的几个典型应用, 以此来进一步拓展视野. 这几个问题都比较复杂, 需要先进行适当处理, 方能转化为运输问题.

2.3.1　短缺资源的分配问题

现在考察一个具体问题.

例 2.3.1　有 A_1, A_2 两座煤矿, 负责向 B_1, B_2, B_3 三个城市供应采暖用煤. 各矿的产量、各城市的需求量以及各煤矿到各城市的运价 (元 / 吨) 如表 2-4 所示. 由于需求大于供给, 经研究决定, 城市 B_1 的供应量可减少 0~900 吨, 城市 B_2 的需求必须全部满足, 城市 B_3 的供应量不少于 1600 吨, 试求总费用最少的调运方案.

表 2-4

城市　　煤矿	B_1	B_2	B_3	产量
A_1	170	185	198	1500
A_2	160	175	217	4000
需求量	3500	1100	2400	

解 根据题意可知,该问题为一个产销不平衡的运输问题. 由于城市 B_1 供应量可减少 0~900 吨,城市 B_3 的供应量不少于 1600 吨,可以将这两个城市分别设为两个城市:一个城市的需求量务必全部满足,另一个城市的供应量可以调整. 由于产小于销,因而可以虚设一个煤矿 A_3 作为产地. 由此,原问题转化为具有 3 个产地 A_1,A_2,A_3 和 5 个销地 B_1,B_1',B_2,B_3,B_3' 的产销平衡的运输问题.

虚设的煤矿不能真实地提供采暖用煤,因此,虚设的煤矿到务必满足煤炭供应城市的运价应设为一个充分大的正数 M,到可调整供应城市的运价应设为 0,即可得到下面的产销平衡运价表.

表 2-5

城市\煤矿	B_1	B_1'	B_2	B_3	B_3'	产量
A_1	170	170	185	198	198	1500
A_2	160	160	175	217	217	4000
A_3	M	0	M	M	0	1500
需求量	2600	900	1100	1600	800	

应用 Lingo 软件求解该问题,可得最优方案为:A_1 向 B_3 供应 1500 吨煤,A_2 向 B_1 供应 2800 吨煤,向 B_2 供应 1100 吨煤,向 B_3 供应 100 吨煤. 总费用为 959200 元.

2.3.2 生产计划问题

例 2.3.2 某造船厂按合同规定须于当年每个季度末分别提供 10、15、25、30 艘同一规格的渔船. 已知该厂各季度的生产能力及生产每艘渔船的成本如表 2-6 所示. 如果生产出来的渔船当季不交货的话,每艘每积压一个季度需存储、维护等费用 2 万元. 该厂如何安排生产计划,既能完成合同,又能使全年的生产费用最少?

表 2-6

季度	生产能力(台)	单位成本(万元)
1	25	30
2	35	30.5
3	15	30.3
4	20	31

解 这是一个生产计划问题,可以转化为运输问题来处理.

由于每个季度生产出来的渔船不一定当季交货，可以设 x_{ij} 表示第 i 季度生产用于第 j 季度交货的渔船数. 于是，第 i 季度生产第 j 季度交货的每艘渔船的实际成本 c_{ij} 为：

$$c_{ij} = 第 i 季度每艘渔船的生产成本 + 2(j-i).$$

将第 i 季度生产的渔船数量视为第 i 个产地的产量，第 j 季度交货的渔船数量视为第 j 个销地的销量，生产成本加上存储维护费用视为运价，即可将该问题转化为运输问题，相关数据参见表 2-7.

表 2-7

产地 ＼ 销地	1	2	3	4	产量
1	30	32	34	36	25
2	M	30.5	32.5	34.5	35
3	M	M	30.3	32.3	15
4	M	M	M	31	20
销量	10	15	25	30	

四个季度总的生产能力为 25+35+15+20=95，

合同的总需求量为 10+15+25+30=80.

显然，这是一个产大于销的运输问题. 该问题要达到的目标为全年的总费用最小，即：

$$\min z = 30x_{11} + 32x_{12} + 34x_{13} + 36x_{14} + 30.5x_{22} + 32.5x_{23} + 34.5x_{24}$$
$$+ 30.3x_{33} + 32.3x_{34} + 31x_{44}.$$

根据合同要求，交货必须满足：

$$x_{11} = 10 ,$$
$$x_{12} + x_{22} = 15 ,$$
$$x_{13} + x_{23} + x_{33} = 25 ,$$
$$x_{14} + x_{24} + x_{34} + x_{44} = 30 .$$

每季度生产的用于当季和以后各季交货的渔船数不能超过该季度的生产能力，即：

$$x_{11} + x_{12} + x_{13} + x_{14} \leqslant 25 ,$$
$$x_{22} + x_{23} + x_{24} \leqslant 35 ,$$
$$x_{33} + x_{34} \leqslant 15 ,$$
$$x_{44} \leqslant 20 .$$

因而，该问题的数学模型如下：

$$\min z = 30x_{11} + 32x_{12} + 34x_{13} + 36x_{14} + 30.5x_{22} + 32.5x_{23} + 34.5x_{24}$$
$$+ 30.3x_{33} + 32.3x_{34} + 31x_{44}$$

$$s.t. \begin{cases} x_{11} = 10 \\ x_{12} + x_{22} = 15 \\ x_{13} + x_{23} + x_{33} = 25 \\ x_{14} + x_{24} + x_{34} + x_{44} = 30 \\ x_{11} + x_{12} + x_{13} + x_{14} \leqslant 25 \\ x_{22} + x_{23} + x_{24} \leqslant 35 \\ x_{33} + x_{34} \leqslant 15 \\ x_{44} \leqslant 20 \\ x_{ij} \geqslant 0 \quad (i, j = 1, 2, 3, 4; i \leqslant j) \end{cases}$$

应用 Lingo 软件求解，可以求得最优生产计划为：

1 季度生产 10 台，并当季交货；2 季度生产 35 台，15 台当季交货，20 台第 3 季度交货；第 3 季度生产 15 台，5 台当季交货，10 台第 4 季度交货；4 季度生产 20 台，并当季交货. 总费用为 2502 万元.

2.3.3 转运问题

大多数运输问题，都是将某种产品由各产地直接运往各销地. 但是，实际生活中有些运输问题具有更为复杂的运输方式. 比如，生产的产品不直接运往销地，而是先经过几个中转站，再运到某一销地. 这就是下文将要介绍的转运问题.

下面举例说明转运问题的解法.

例 2.3.3 某食品公司经销的主要产品为糖果. 它下面设有 A_1，A_2，A_3 三个加工厂，每天分别将 3、4、3 吨糖果运往两个地区的门市部 B_1，B_2 销售，各地区每天的销售量分别为 3、7 吨. 在加工厂与门市部之间有 T_1，T_2 两个中转站. 各地间每吨糖果的运价见表 2-8. 问该食品公司应如何调运，在满足各门市部销售需求的情况下，使总的运费支出为最少？

表 2-8   单位：元/吨

产地 \ 销地	A_1	A_2	A_3	T_1	T_2	B_1	B_2
A_1	0	3	2	3	—	6	8
A_2	4	0	2	5	2	13	9
A_3	—	2	0	3	2	11	3
T_1	3	5	2	0	6	2	5
T_2	—	3	2	7	0	2	2

产地 \\ 销地	A_1	A_2	A_3	T_1	T_2	B_1	B_2
B_1	6	—	—	2	—	0	9
B_2	—	—	3	—	3	9	0

注：表中"—"号表示不能运输.

解 从表中看出，从 A_2 到 B_2 每吨糖果的直接运费为 9 元，如从 A_2 经 A_3 运往 B_2，每吨运价为 2+3=5 元，从 A_2 经 T_2 运往 B_2 只需 2+2=4 元. 可见该问题中从产地到销地之间的运输方案不唯一. 为求解该问题，可将其做如下处理：

（1）将整个问题看作有 7 个产地和 7 个销地的扩大的运输问题；

（2）对扩大的运输问题建立单位运价表，并将不可能的运输方案中的"—"用充分大的正数"M"代替；

（3）所有中转站的产量等于销量，由于运费最少时不可能出现一批糖果来回倒运的情形，所以每个中转站的转运量不会超过 10 吨，从而，可规定其产量和销量均为 10 吨；

（4）扩大的运输问题中原来的产地与销地由于也具有转运的作用，所以同样在原来的产销量的基础上加上 10 吨.

经过上述处理，可以得到下面产销平衡的运输问题.

表 2-9

产地 \\ 销地	A_1	A_2	A_3	T_1	T_2	B_1	B_2	产量
A_1	0	3	2	3	M	6	8	13
A_2	4	0	2	5	2	13	9	14
A_3	M	2	0	3	2	11	3	13
T_1	3	5	2	0	6	2	5	10
T_2	M	3	2	7	0	2	2	10
B_1	6	M	M	2	M	0	9	10
B_2	M	M	3	M	3	9	0	10
销量	10	10	10	10	10	13	17	

应用 Lingo 软件求解，可以求得最优生产计划为：

由 A_1 向 A_3 转运 3 吨，A_3 加上原有的 3 吨，将 6 吨运到 B_2；由 A_2 向 T_2 转运 4 吨，T_2 向 B_2 转运 1 吨，满足了 B_2 的需求，再由 T_2 向 B_1 运 3 吨，满足 B_1 的需求. 此

时，最低运费为 40 元.

习题 2

1. 某农民承包了五块土地共 206 亩，打算种小麦、玉米和蔬菜三种农作物，各种农作物的计划播种面积（亩）以及每块土地种植各种不同农作物的亩产数量（公斤）见表 2-10. 问如何安排种植计划，可使总产量达到最高？

表 2-10

作物种类 \ 土地块别	1	2	3	4	5	计划播种面积
小麦	500	600	650	1050	800	86
玉米	850	800	700	900	950	70
蔬菜	1000	950	850	550	700	50
土地亩数	36	48	44	32	46	

2. 已知运输问题的产销地、产销量及各产销地间的单位运价如表 2-11 至表 2-12 所示，试分别列出其数学模型.

（1）

表 2-11

产地 \ 销地	甲	乙	丙	产量
1	20	16	24	300
2	10	15	8	600
3	17	18	11	100
销量	200	400	300	

（2）

表 2-12

产地 \ 销地	甲	乙	丙	产量
1	10	18	32	15
2	14	22	40	7
3	21	25	35	16
销量	15	9	21	

3．求解如表 2-13 所示的运输问题．

表 2-13

产地＼销地	B_1	B_2	B_3	产量
A_1	5	1	2	20
A_2	3	2	4	10
A_3	7	5	2	15
A_4	9	6	1	15
销量	5	10	15	

要求销地 B_1 的需求必须由产地 A_1 满足．

4．已知运输问题如表 2-14 所示：

表 2-14

产地＼销地	B_1	B_2	B_3	产量
A_1	5	2	3	100
A_2	8	4	3	300
A_3	9	7	5	300
销量	300	200	200	

（1）求解该运输问题；

（2）如果考虑一项劳动纠纷，暂时取消了由 A_2 到 B_2 的路线和 A_3 到 B_1 的路线，问应如何制定运输方案以使总运费最小？（可令 $c_{22} = c_{31} = M$，此处 M 是一个较大的正数．）取消这两条路线给总运费带来什么影响？

5．某玩具公司分别生产三种新型玩具，每月可供量分别为 1000、2000、2000 件，它们分别被送到甲、乙、丙三个百货商店销售．已知每月百货商店各类玩具预期销售量均为 1500 件，由于经营方面原因，各商店销售不同玩具的盈利额不同，见表 2-15 所示．又知丙百货商店要求至少供应 C 玩具 1000 件，而拒绝进 A 玩具．求满足上述条件下使总盈利额最大的供销分配方案．

表 2-15　销售玩具盈利额

	甲	乙	丙	可供量
A	5	4	—	1000
B	16	8	9	2000
C	12	10	11	2000

6. 已知某大学能存储 200 个文件在硬盘上，100 个文件在计算机存储器上，300 个文件在磁带上. 用户想存储 300 个字处理文件，100 个源程序文件，100 个数据文件. 每月，一个典型的字处理文件被访问 8 次，一个典型的源程序文件被访问 4 次，一个典型的数据文件被访问 2 次. 当某文件被访问时，重新找到该文件所需的时间取决于文件类型和存储介质，见表 2-16 所示.

表 2-16 某文件被访问时，找到该文件所需的时间

时间（秒）	处理文件	源程序文件	数据文件
硬盘	5	4	4
存储器	2	1	1
磁带	10	8	6

如果要求每月用户访问所需文件所花时间最少，试构造一个运输问题的模型来决定文件应该怎么存放并求解.

7. 已知下列五名运动员各种姿势的游泳成绩（各为 50 米）见表 2-17. 试用运输问题的方法来决定如何从中选拔一个参加 200 米混合泳的接力队，使预期比赛成绩为最好.

表 2-17 运动员各种姿势的游泳成绩

	甲	乙	丙	丁	戊
仰泳	37.7	32.9	33.8	37.0	35.4
蛙泳	43.4	33.1	42.2	34.7	41.8
蝶泳	33.3	28.5	38.9	30.4	33.6
自由泳	29.2	26.4	29.6	28.5	31.1

8. 汽车客运公司有豪华、中档和普通三种型号的客车 5 辆、10 辆和 15 辆，每辆车上均载客 40 人，汽运公司每天要送 400 人到 B_1 城市，送 600 人到 B_2 城市. 每辆客车每天只能送一次，从客运公司到 B_1 和 B_2 城市的票价如表 2-18 所示.

表 2-18

	甲（豪华）	乙（中档）	丙（普通）
到 B_1 城市	80	60	50
到 B_2 城市	65	50	40

（1）试建立总收入最大的车辆调度方案数学模型；

（2）写出平衡运价表；

（3）求最优调运方案.

9. 某拖拉机厂按合同规定在当年前四个月末分别提供同一型号的拖拉机 50、40、60、80 台给用户. 该厂每个月的生产能力是 55 台, 如果生产的产品当月不能交货, 每台每月必须支付维护及存储费 0.15 万元, 已知四个月内每台生产费分别是 1、1.15、0.95、0.85 万元, 试安排这四个月的生产计划, 使既能按合同如期交货, 又能使总费用最小.

(1) 试建立此问题的线性规划数学模型;

(2) 将此问题转化为运输问题, 建立平衡运价表;

(3) 求最优解.

10. 某客车制造厂根据合同要求从当年开始起连续 4 年年末交付 40 辆规格型号相同的大型客车. 该厂在这 4 年内生产大型客车的能力及每辆客车的成本情况如表 2-19 所示.

表 2-19

年度	可生产客车数量（辆）		制造成本（万元/辆）	
	正常上班时间	加班时间	正常上班时间	加班时间
1	20	30	50	55
2	35	25	56	62
3	15	30	60	65
4	40	24	55	58

根据该厂的情况, 若制造出来的客车当年未能交货, 每辆车每积压一年的存储和维护费用为 4 万元. 问该厂如何安排每年的客车生产量, 使得在满足上述各项要求的情况下, 总的生产费用加存储费用为最少.

(1) 试建立此问题的线性规划数学模型;

(2) 建立平衡运价表;

(3) 求最优生产计划.

11. 某公司有甲、乙、丙、丁四个分厂生产同一种产品, 产量分别为 300 吨、500 吨、400 吨、100 吨, 供应 Ⅰ、Ⅱ、Ⅲ、Ⅳ、Ⅴ、Ⅵ六个地区的需要, 各地区的需求量分别为 300 吨、250 吨、350 吨、200 吨、250 吨、150 吨. 由于原料、工艺、技术的差别, 各厂每千克产品的成本分别为 1.3 元、1.4 元、1.35 元、1.5 元. 又由于行情不同, 各地区销售价分别为每千克 2.0 元、2.2 元、1.9 元、2.1 元、1.8 元、2.3 元. 已知从各分厂运往各销售地区每千克运价如表 2-20 所示.

如果要求第 Ⅰ、第 Ⅱ 个销地至少供应 150 吨; 第 Ⅴ 个销地的需求必须全部满足; 其余销地只要求供应量不超过需求量. 请确定一个运输方案使该公司获利最多.

表 2-20　从各分厂运往各销售地区的单位运价

	I	II	III	IV	V	VI
甲	0.4	0.5	0.3	0.4	0.4	0.1
乙	0.3	0.7	0.9	0.5	0.6	0.3
丙	0.6	0.8	0.4	0.7	0.5	0.4
丁	0.7	0.4	0.3	0.7	0.4	0.7

12．甲、乙两个煤矿每年分别生产煤炭 500 万吨、600 万吨，供应 A、B、C、D 四个发电厂的需要，各发电厂的用煤量分别为 300 万吨、200 万吨、500 万吨、100 万吨．已知煤矿与电厂之间煤炭运输的单价如表 2-21 所示，单位：元/吨．

表 2-21

	A	B	C	D
甲	150	200	180	240
乙	80	210	60	170

（1）试确定从煤矿到每个电厂间煤炭的最优调运方案．

（2）若在煤矿与发电厂间增加两个中转站 T_1、T_2，并且已知煤矿与中转站之间和中转站与发电厂之间的运价如表 2-22～表 2-24 所示，单位：元/吨．

表 2-22　煤矿与中转站间单位运价

	T_1	T_2
甲	90	100
乙	80	105

表 2-23　中转站间单位运价

	T_1	T_2
T_1	0	110
T_2	110	0

表 2-24　中转站间与发电厂间单位运价

	A	B	C	D
甲	80	85	90	88
乙	95	100	85	90

试确定从煤矿到每个电厂间煤炭的最优调运方案.

13. 设有甲、乙、丙三家工厂负责供应 A、B、C、D 四个地区的农用生产资料, 等量的生产资料在这些地区所起的作用相同. 各工厂的年产量、各地区的年需求量和单位运价如表 2-25 所示, 试求出总运费最少的生产资料调拨方案.

表 2-25

	A	B	C	D	产量/万吨
甲	16	13	22	17	50
乙	14	13	19	15	60
丙	19	20	23	—	50
最低需求/万吨	30	70	0	10	
最高需求/万吨	50	70	30	不限	

注: "—"表示丙不能向 D 运输生产资料.

14. 某工厂生产某种电子产品, 今年前 6 个月收到的该产品的订货数量分别为 2500 件, 4200 件, 3000 件, 4000 件, 4500 件, 5000 件. 已知该厂的正常生产能力为每月 3000 件, 利用加班生产还可以生产 1200 件. 正常生产的成本为每件 4500 元, 加班生产还要增加 1500 元的成本, 库存成本为每件每月 300 元. 试问该厂如何组织安排生产才能在满足订单需求的情况下使生产成本达到最低?

15. 某自行车制造公司设有两个装配厂, 且在四地有四个销售公司, 公司想要确定各家销售公司需要的自行车应由哪个厂装配, 以使成本最小. 有关数据如表 2-26、表 2-27 和表 2-28 所示.

表 2-26　两个装配厂的有关数据

装配厂	A	B
供应量	1100	1000
每辆装配费	45	55

表 2-27　四个销售公司的需求量

销售公司	1	2	3	4
需求量	500	300	550	650

表 2-28　从两个装配厂到四个销售公司的运输单价

运输单价	销售公司			
	1	2	3	4
产地 A	9	4	7	19
产地 B	2	18	14	6

试建立一个运输模型，以确定自行车装配和分配的最优方案．

案 例 分 析

案例 1：书刊征订、推广费用的节省问题

一、问题的来源、提出

中华图书进出口总公司的主营业务之一是中文书刊对国外出口业务，由中文书刊出口部及两个分公司负责．就中文报刊而言，每年 10～12 月为下一年度报刊订阅的征订期，在此期间，为巩固老订户，发展新订户，要向国外个人、大学图书馆、科研机构等无偿寄发小礼品和征订宣传推广材料．

中华图书进出口总公司在深圳、上海设有分公司，总公司从形成内部竞争机制，提高服务质量的角度考虑，允许这两家分公司也部分经营中文书刊的出口业务．但为维护公司整体利益，避免内部恶性竞争，公司对征订期间三个部门寄发征订材料的工作做了整体安排（见表 2-29）．日本、韩国以及中国香港地区集中了该公司的绝大部分中文报刊订户，根据订户数分布数量的不同，寄发征订材料的数量也不同，对此公司也作了安排（见表 2-30）．

一般情况下，这些材料无论由三家中哪个部门寄出，征收订户的效果大致相同；同时，无论读者向哪个部门订阅，为总公司创造的效益大致相同．但由于各部门邮寄距离不同，邮寄方式及人工费用不同，导致从各部门寄往各地的费用也不同（见表 2-31）．

由于寄发量大且每份材料的寄发费用较高，导致每年征订期日本、韩国以及中国香港特别行政区三地读者征订费用很高昂，大大加重了经营成本．为此，如何在服从公司总体安排的前提下合理规划各部门的寄发数量，从而使总费用最省就成为一项有意义，值得研究的课题，根据所学运筹学知识，尝试对以上问题进行探讨．

二、数据的获得

从 1998 年征订期，获得如表 2-29，表 2-30 和表 2-31 所示的数据．

表 2-29

部门	份数/册
中文书刊出口部	15000
深圳分公司	7500
上海分公司	7500
总计	30000

表 2-30

国家和地区	份数/册
日本	15000
中国香港特别行政区	10000
韩国	5000
总计	30000

表 2-31

	日本	中国香港特别行政区	韩国
中文书刊出口部	10.20	7	9
深圳分公司	12.50	4	14
上海分公司	6	8	7.50

要求作出一个公司整体的中文书刊征订材料的邮运方案,使得公司总的邮运费最小.

案例 2:汽车配件厂生产工人的安排问题

某汽车配件厂主管生产的张经理正在考虑如何培训及合理安排工人以降低生产成本.该厂生产 3 类不同的汽车零配件 A,B,C,有 6 个不同级别的工人.每个工人每周工作时间为 40h.由于零配件复杂程度不同,要求不同熟练技术的工人完成.如 A 类配件的生产线复杂程度最高,要求由 1~3 级工人去操作,B 类配件生产线次之,C 类配件生产线对工人级别要求最低.已知目前不同级别工人人数、小时工资及每周用于各生产线的时间如表 2-32 所示.

表 2-32

工人级别	人数	工资/(元/h)	每周用于各配件生产线时间/h		
			A	B	C
1	4	15.0	160	—	—
2	9	14.5	360	—	—
3	20	13.0	600	200	—
4	54	12.0	—	160	2000
5	102	10.5	—	80	4000
6	40	9.75	—	—	1600

考虑到生产任务的变化,张经理正对工人进行培训,使不同级别的工人均能在 A,B,C 三类配件的生产线上工作.当然由于 A,B,C 零配件差别、不同级别

工人专长等, 不同级别工人在不同生产线上的工作效率不相同. 表 2-33 给出了不同级别工人在 A, B, C 生产线上的工作效率.

表 2-33

工人级别	A	B	C	工人级别	A	B	C
1	2.00	1.20	2.00	4	1.80	2.16	1.45
2	1.80	1.08	1.80	5	1.62	1.93	1.31
3	1.62	2.50	1.62	6	1.30	1.74	1.20

已知下季度各周 A, B, C 零配件的需求数分别为 1900、1000 及 10050 件. 张经理初步测算, 按目前表 2-32 给出的工作时间安排及表 2-33 给出的工作效率, 该厂可以胜任下季度的任务, 但这样安排的结果是没有一点机动空闲时间, 同时工资的支出也不经济合算. 因此他考虑: 如何确定一个更有效的任务分配方案, 使下季度任务用更少工资支付完成, 以便腾出时间和费用用于零配件返修及完成临时追加的任务?

第3章 整数规划

本章学习目标

- 了解整数规划问题的分类
- 理解整数规划问题解的特点
- 掌握整数规划问题的建模
- 熟练掌握整数规划的应用

3.1 整数规划问题的数学模型

3.1.1 引言

在前面所研究的线性规划问题中，一般问题的最优解可以是非整数，即为分数或小数. 但在许多实际问题中，决策变量常常要求必须取整数，即称为整数解. 例如，若问题的解表示的是安排上班的人数、机器设备的台数、裁剪钢材的根数等，分数或小数解显然就不符合实际了.

整数规划是近几十年来发展起来的规划论的一个分支，要求全部或部分决策变量取整数，包括整数线性规划和整数非线性规划. 由于整数非线性规划尚无一般算法，因此本章介绍的整数规划仅指整数线性规划.

3.1.2 整数规划问题的分类

根据对各变量要求的不同，整数规划问题可分为纯整数规划问题、混合整数规划问题和 0—1 整数规划问题 3 种类型.

纯整数规划问题：在求解实际问题时，若要求所有的变量都取整数，称为纯整数规划问题.

混合整数规划问题：若只要求一部分变量取整数值，则称为混合整数规划问题.

0—1 整数规划问题：若要求全部或部分变量取值只限于 0 或 1，则称为 0—1 整数规划问题.

3.1.3 整数规划问题的数学模型

下面介绍整数规划问题的几个典型实例，通过这几个问题来了解整数规划问题的数学模型.

1. 纯整数规划模型

例 3.1.1 某工厂在一计划期内拟用两种原材料 A 和 B 生产两种产品 I 和 II，有关数据见表 3-1：

表 3-1

	产品 I（件）	产品 II（件）	可供量
原材料 A（kg）	5	4	39
原材料 B（kg）	6	7	48
利润（元）	15	12	

问工厂在本计划期内应如何安排生产才能获得最大利润？

解 设 x_1，x_2 分别为该计划期内 I 和 II 两种产品的产量，显然，x_1，x_2 为非负的整数，因而，这是一个纯整数规划问题。其数学模型为：

$$\max \quad Z = 15x_1 + 12x_2$$

$$s.t. \begin{cases} 5x_1 + 4x_2 \leqslant 39 \\ 6x_1 + 7x_2 \leqslant 48 \\ x_1, x_2 \geqslant 0 \\ x_1, x_2 为整数 \end{cases}.$$

在该问题中，两个决策变量都有整数要求，因此，这是一个纯整数规划问题。通常把不考虑整数条件，由余下的目标函数和约束条件构成的规划问题称为该整数规划问题的松弛问题。就该问题而言，其松弛问题为线性规划问题。任何一个整数线性规划问题都可以看做是一个线性规划问题再加上整数约束。

纯整数线性规划问题数学模型的一般形式为：

$$\max(\min) \quad z = \sum_{j=1}^{n} c_j x_j$$

$$s.t. \begin{cases} \sum_{j=1}^{n} a_{ij} x_j \leqslant (=, \geqslant) \; b_i, \quad i = 1, 2, ..., m \\ x_j \geqslant 0, \quad j = 1, 2, ...n \\ x_1, x_2, ..., x_n 为整数 \end{cases}.$$

2. 0-1 整数规划模型

例 3.1.2 某银行打算在城市 A 新增若干储蓄所以扩展银行储蓄业务，方案中有 16 个地点 $B_j (j = 1, 2, ..., 16)$ 可供选择，考虑到各地区居民的消费水平，特规定如下：

B_1，B_2，B_3，B_4 四个地点至少选两个；

B_5，B_6，B_7 三个地点至多选一个；

B_8，B_9，B_{10} 三个地点至多选两个；

B_{11}，B_{12}两个地点至少选一个；

B_{13}，B_{14}，B_{15}，B_{16}四个地点至少选三个.

预计各地点的设备投资及每年可获利润如表 3-2 所示.

表 3-2

地点	投资额（万元）	利润（万元）	地点	投资额（万元）	利润（万元）
B_1	75	30	B_9	120	50
B_2	90	42	B_{10}	115	37
B_3	100	20	B_{11}	85	28
B_4	85	35	B_{12}	75	30
B_5	80	40	B_{13}	100	19
B_6	95	36	B_{14}	120	50
B_7	110	48	B_{15}	95	32
B_8	105	38	B_{16}	90	35

已知该银行用于选建储蓄所的投资额不超过 1000 万元，问应在哪几个地点建储蓄所，可使年利润为最大？

解　令 $x_j = 1$，选择在地点 B_j 建立储蓄所；$x_j = 0$，不在地点 B_j 建立储蓄所，其中，$j = 1, 2, \ldots 16$.

则该问题的数学模型可表示如下：

$$\max \ Z = 30x_1 + 42x_2 + 20x_3 + 35x_4 + 40x_5 + 36x_6 + 48x_7 + 38x_8 +$$
$$50x_9 + 37x_{10} + 28x_{11} + 30x_{12} + 19x_{13} + 50x_{14} + 32x_{15} + 35x_{16}$$

$$s.t. \begin{cases} 75x_1 + 90x_2 + 100x_3 + 85x_4 + 80x_5 + 95x_6 + 110x_7 + 105x_8 + \\ 120x_9 + 115x_{10} + 85x_{11} + 75x_{12} + 100x_{13} + 120x_{14} + 95x_{15} + 90x_{16} \leqslant 1000 \\ x_1 + x_2 + x_3 + x_4 \geqslant 2 \\ x_5 + x_6 + x_7 \leqslant 1 \\ x_8 + x_9 + x_{10} \leqslant 2 \\ x_{11} + x_{12} \geqslant 1 \\ x_{13} + x_{14} + x_{15} + x_{16} \geqslant 3 \\ x_j = 0, 1; \quad (j = 1, 2, \ldots 16) \end{cases}$$

该问题的决策变量仅限于取 0 或 1 两个值，因此为 $0-1$ 整数规划问题. $0-1$ 规划可以是线性的，也可以是非线性的，$0-1$ 线性规划的一般模型为：

$$\max(\min) \ Z = \sum_{j=1}^{n} c_j x_j$$

$$s.t. \begin{cases} \sum_{j=1}^{n} a_{ij}x_j \leqslant (=, \geqslant) \ b_i, \ i=1,2,...m \\ x_j = 0 \ \text{或} \ 1, \ j=1,2,...n \end{cases}.$$

3. 指派问题模型

在实际生产管理中，总希望把有限的资源（人员、资金等）进行最佳地分配，以获取最大的经济效益. 在现实生活中，有各种性质的指派问题. 例如，某部门有 n 项任务要完成，而该部门正好有 n 个人能够完成其中每项任务. 由于每个人的专长不同，完成各项任务的费用也各不相同. 又因任务性质的要求和管理上的需要等原因，每个人仅能完成一项任务，而每项任务仅要一个人去完成，则应指派哪个人完成哪项任务，能使完成各项任务的总费用最少？这是典型的分配问题或指派问题.

例 3.1.3 某大学将要承办一学术会议. 为了会议的顺利进行，需要甲、乙、丙、丁四个人分别完成 A, B, C, D 四项工作. 由于每个人完成每项工作所花费的时间不同，有关数据如表 3-3 所示. 问应如何安排，才能使总的时间最少？

表 3-3

人 \ 工作	完成每项工作的时间（小时）			
	A	B	C	D
甲	32	40	28	42
乙	46	43	30	52
丙	38	58	35	41
丁	31	56	27	49

解 设 x_{ij} 表示第 i 个人分配第 j 项工作，令安排第 i 个人做第 j 项工作时，$x_{ij}=1$；第 i 个人不做第 j 项工作时，$x_{ij}=0$. 根据题意，每个人只做一项工作，其约束条件为：

$$x_{11} + x_{12} + x_{13} + x_{14} = 1$$
$$x_{21} + x_{22} + x_{23} + x_{24} = 1$$
$$x_{31} + x_{32} + x_{33} + x_{34} = 1$$
$$x_{41} + x_{42} + x_{43} + x_{44} = 1$$

每项工作只能由一个人来完成，其约束条件为

$$x_{11} + x_{21} + x_{31} + x_{41} = 1$$
$$x_{12} + x_{22} + x_{32} + x_{42} = 1$$
$$x_{13} + x_{23} + x_{33} + x_{43} = 1$$
$$x_{14} + x_{24} + x_{34} + x_{44} = 1$$

目标函数为总时间最少，即

$$\min \quad Z = 32x_{11} + 40x_{12} + 28x_{13} + 42x_{14} + 46x_{21} + 43x_{22} + 30x_{23} + 52x_{24} +$$
$$38x_{31} + 58x_{32} + 35x_{33} + 41x_{34} + 31x_{41} + 56x_{42} + 27x_{43} + 49x_{44}$$

由此可得该问题的数学模型为

$$\min \quad Z = 32x_{11} + 40x_{12} + 28x_{13} + 42x_{14} + 46x_{21} + 43x_{22} + 30x_{23} + 52x_{24} +$$
$$38x_{31} + 58x_{32} + 35x_{33} + 41x_{34} + 31x_{41} + 56x_{42} + 27x_{43} + 49x_{44}$$

$$s.t. \begin{cases} x_{11} + x_{12} + x_{13} + x_{14} = 1 \\ x_{21} + x_{22} + x_{23} + x_{24} = 1 \\ x_{31} + x_{32} + x_{33} + x_{34} = 1 \\ x_{41} + x_{42} + x_{43} + x_{44} = 1 \\ x_{11} + x_{21} + x_{31} + x_{41} = 1 \\ x_{12} + x_{22} + x_{32} + x_{42} = 1 \\ x_{13} + x_{23} + x_{33} + x_{43} = 1 \\ x_{14} + x_{24} + x_{34} + x_{44} = 1 \\ x_{ij} = 0 \ 或 \ 1 \quad (i, j = 1, 2, 3, 4) \end{cases}$$

该问题为指派问题.

指派问题的一般提法（以对象和任务为例）如下. 有 n 个对象, n 项任务, 已知第 i 个对象完成第 j 项任务的效益（如利润、费用、时间等）为 c_{ij}, 要求确定对象和任务之间一一对应的指派方案, 使完成这 n 项任务的总效益最佳?

下面建立一般指派问题的数学模型.

在指派问题中, 通常称矩阵

$$C = (c_{ij}) = \begin{pmatrix} c_{11} & c_{12} & ... & c_{1n} \\ c_{21} & c_{22} & ... & c_{2n} \\ \vdots & \vdots & & \vdots \\ c_{n1} & c_{n2} & ... & c_{nn} \end{pmatrix}$$

为效益矩阵. 引入 $0-1$ 变量 x_{ij}, 当指派第 i 个对象完成第 j 项任务时, $x_{ij} = 1$; 否则, $x_{ij} = 0$, $i, j = 1, 2, ..., n$.

一般指派问题的数学模型可描述为:

$$\min（\max） \quad Z = \sum_{i=1}^{n} \sum_{j=1}^{n} c_{ij} x_{ij}$$

$$s.t. \begin{cases} \sum_{j=1}^{n} x_{ij} = 1, i = 1, 2, ..., n & (3.1.1) \\ \sum_{i=1}^{n} x_{ij} = 1, j = 1, 2, ..., n & (3.1.2) \\ x_{ij} = 0 \ 或 \ 1 \quad (i, j = 1, 2..., n) \end{cases}$$

在该模型中,约束条件(3.1.1)表示每个对象只能完成一项任务,约束条件(3.1.2)表示每项任务只能由一个对象来完成, Z 为总效益.

指派问题的可行解,可用解矩阵来表示:

$$X = (x_{ij})_{n \times n} = \begin{pmatrix} x_{11} & x_{12} & \dots & x_{1n} \\ x_{21} & x_{22} & \dots & x_{2n} \\ \vdots & \vdots & & \vdots \\ x_{n1} & x_{n2} & \dots & x_{nn} \end{pmatrix}.$$

显然,作为指派问题的可行解,解矩阵的每一行元素中有且只有一个 1,每一列元素中也有且只有一个 1,其余元素均为 0. 因而,指派问题的可行解为 n 阶排列矩阵,共有 $n!$ 个.

例如, $\begin{pmatrix} 1 & 0 & 0 & 0 \\ 0 & 1 & 0 & 0 \\ 0 & 0 & 1 & 0 \\ 0 & 0 & 0 & 1 \end{pmatrix}$ 即为例 3.1.3 的一个可行解.

此外,指派问题存在一些特殊情形,现叙述如下:

(1)对象数和任务数不相等的指派问题.

若对象数少,任务数多,则添加虚拟对象,这些虚拟对象完成任务的费用设为 0,可以理解为这些费用不会发生;反之,若对象数多,任务数少,则添加虚拟任务,每个对象完成这些虚拟任务的费用也设为 0,由此可以把对象数和任务数不相等的指派问题转化为一般的指派问题.

(2)一个对象可以完成几项任务的指派问题.

若某个对象可以完成几项任务,可将其化为几个相同的对象来接受指派,这几个对象完成同一项任务的费用相同.

(3)某任务一定不能由某个对象来完成的指派问题.

某任务一定不能由某个对象来完成,则可以设该对象完成这项任务的费用为足够大的正数 M(当目标函数为 min 型时)或 0(当目标函数为 max 型时).

4. 存在相互排斥约束条件的混合整数规划模型

例 3.1.4 某公司研发出三种新产品,该公司有两个工厂都可以生产这些产品. 为了使产品的生产线不至过于多样化,决策层决定实施如下限制:

(1)在三种新产品中,至多有两个投入生产;

(2)两个工厂中,仅有一个能作为新产品的唯一生产者.

对于两个工厂来说,每种新产品的单位生产成本都是相同的. 然而,由于两个工厂的生产设备不同,每种产品的单位生产时间不同,有关数据见表 3-4.

问公司应如何决策才能获取最大利润?

表 3-4

产品 \ 工厂	单位产品的生产时间（小时）			每天可用生产时间（小时）
	产品 1	产品 2	产品 3	
工厂 1	2	3	5	18
工厂 2	4	2	6	20
利润（百元）／个	12	13	10	
销量（个）／天	8	6	7	

解　设 x_i 为第 i 种产品的生产数量，$i=1,2,3$；若生产第 j 种产品，$y_j=1$，否则，令 $y_j=0$，$j=1,2,3$；若由工厂 1 生产新产品，令 $y_4=0$，否则，令 $y_4=1$；令 Z 表示出售新产品获取的总利润，则有

$$\max\ Z = 12x_1 + 13x_2 + 10x_3$$

$$s.t.\begin{cases} x_1 \leqslant My_1 \\ x_2 \leqslant My_2 \\ x_3 \leqslant My_3 \\ y_1 + y_2 + y_3 \leqslant 2 \\ x_1 \leqslant 8 \\ x_2 \leqslant 6 \\ x_3 \leqslant 7 \\ 2x_1 + 3x_2 + 5x_3 \leqslant 18 + My_4 \\ 4x_1 + 2x_2 + 6x_3 \leqslant 20 + M(1-y_4) \\ x_i \geqslant 0, i=1,2,3 \\ y_j = 0 \text{或} 1, j=1,2,3,4 \end{cases}$$

其中，上述模型中的 M 为充分大的常数。第 8 和第 9 个约束表示的两个条件相互排斥，亦即两个工厂中，只有一个工厂生产新产品。$y_4=0$，表示约束 8 起作用，工厂 1 生产新产品；$y_4=1$，表示约束 9 起作用，工厂 2 生产新产品。

一般地，如果有 m 个互相排斥的约束条件：

$$\alpha_{i1}x_1 + \alpha_{i2}x_2 + \cdots \alpha_{in}x_n \leqslant b_i, \quad i=1,2,\cdots,m$$

若要求 m 个约束条件中只有一个起作用，可以引入 m 个 0-1 变量 y_i（$i=1,2,\cdots,m$）和一个充分大的常数 M，则下面这一组 m+1 个约束条件

$$\alpha_{i1}x_1 + \alpha_{i2}x_2 + \cdots \alpha_{in}x_n \leqslant b_i + y_iM, \quad i=1,2,\cdots,m$$
$$y_1 + y_2 + \cdots + y_m = m-1$$

就合乎要求。

若要求 m 个约束条件中有 k 个起作用，只需把上式中的

$$y_1 + y_2 + \cdots + y_m = m-1$$

改为

$$y_1 + y_2 + \cdots + y_m = m - k$$

即可.

3.2　整数规划问题的求解

3.2.1　整数规划问题解的特点

对于整数规划问题的求解,一种很自然的方法是先撇开问题的整数要求,用单纯形法求得最优解,然后将解凑成整数. 但是这样的做法通常是不可行的. 一般情形下,用单纯形法求得的最优解不会刚好满足变量的整数约束条件,因而不是整数规划的可行解,自然就不是整数规划的最优解. 此时,若对该最优解中不符合整数要求的分量通过"四舍五入"或"只舍不入"简单地取整,所得到的解不一定是整数规划问题的可行解,或者即便为可行解,也不一定是整数规划问题的最优解,充其量只能说是"近似最优解". 而且,当整数规划问题涉及的变量较多时,通过这样的方式取整一般是难以处理的,因为需要对每个取整后的解作出"取"或"舍"的选择,这时的计算量是非常大的,甚至用计算机也难以处理.

另一种容易想到的方法为枚举法,也就是把整数规划问题所有的整数可行点的目标值进行比较,而后从中选出最优的目标值对应的整数可行点即为最优解. 这种想法没有问题,但有时会出现满足约束的整数太多的情况,此时计算量也会非常大,以至于枚举法也不可取.

事实上,整数规划问题与一般的规划问题相比,其可行解不再是连续的,而是离散的. 由于离散问题比连续问题更难以处理,因而,整数规划要比一般的线性规划难解得多. 目前常用的方法有分支定界法、割平面法等,但手工计算都非常繁琐.

目前,规模较大的整数规划问题通常通过计算机软件来处理,接下来本文介绍如何通过 Lingo 软件来求解整数规划问题.

3.2.2　整数规划问题的 Lingo 求解

前面介绍过,求解整数规划问题有两种方法:一种是分支定界法;另一种是割平面法. Lingo 软件求解整数规划问题实际上用的是分支定界法. 用 Lingo 软件求解整数规划问题非常简单,只需在线性规划求解的基础上对变量加一个限制函数——@gin(x)(变量 x 取整数)即可. 对于 0−1 规划,这里也只需加一个限制函数——@bin(x)(变量 x 取 0 或 1).

例 **3.2.1**　用 Lingo 软件求解例 3.1.1.

解　编写 Lingo 程序如下.

```
max =15*x1+12*x2;
```

```
5*x1+4*x2<=39;
6*x1+7*x2<=48;
@gin(x1);
@gin(x2);
```

其中，程序的第一行为目标函数，第二行和第三行为约束条件，第四行限制变量为整数.

计算结果如下：

```
Global optimal solution found.
  Objective value:                      105.0000
  Objective bound:                      105.0000
  Infeasibilities:                      0.000000
  Extended solver steps:                       0
  Total solver iterations:                     0
  Model Class:                              PILP
  Total variables:                             2
  Nonlinear variables:                         0
  Integer variables:                           2
  Total constraints:                           3
  Nonlinear constraints:                       0
  Total nonzeros:                              6
  Nonlinear nonzeros:                          0
  Variable           Value       Reduced Cost
  X1              7.000000         -15.00000
  X2              0.000000         -12.00000
  Row        Slack or Surplus    Dual Price
  1              105.0000         1.000000
  2              4.000000         0.000000
  3              6.000000         0.000000
```

从上述求解结果可以看出，求得的为 Global optimal solution（全局最优解），Objective value（目标函数值）为 105，Objective bound（目标函数的界）为 105，Model Class（模型类型）是 PILP（纯整数线性规划），最优解为 $X1=7$，$X2=0$. 即产品 I 生产 7 件，产品 II 不生产，可获得最大利润，最大利润为 105.

例 3.2.2 用 Lingo 软件求解例 **3.1.2**.

解 编写 Lingo 程序如下.

```
max=30*x1+42*x2+20*x3+35*x4+40*x5+36*x6+48*x7+38*x8+
50*x9+37*x10+28*x11+30*x12+19*x13+50*x14+32*x15+35*x16;
75*x1+90*x2+100*x3+85*x4+80*x5+95*x6+110*x7+105*x8+120*x9+115
*x10+85*x11+75*x12+100*x13+120*x14+95*x15+90*x16<=1000;
x1+x2+x3+x4>=2;
x5+x6+x7<=1;
```

```
x8+x9+x10<=2;
x11+x12>=1;
x13+x14+x15+x16>=3;
@bin(x1);
@bin(x2);
@bin(x3);
@bin(x4);
@bin(x5);
@bin(x6);
@bin(x7);
@bin(x8);
@bin(x9);
@bin(x10);
@bin(x11);
@bin(x12);
@bin(x13);
@bin(x14);
@bin(x15);
@bin(x16);
```

通过 Lingo 求解，可以得到：

在投资额不超过 1000 万元的资金限制下，应当在第 1，2，4，7，8，9，12，14，15，16 个地点设立储蓄所，可获得最大年利润. 最大年利润为 390 万元.

例 3.2.3 用 Lingo 软件求解例 **3.1.3**.

解 编写 Lingo 程序如下.

```
model:
!4人4工作的分配问题
sets:
persons/per1,per2,per3,per4/:capacity;
works/A,B,C,D/:demand;
links(persons,works):time,assignment;
endsets
!目标函数
min=@sum(links:time*assignment);
!关于工作的约束
@for(works(J):
 @sum(persons(I):assignment(I,J))=demand(J));
!关于人的约束
@for(persons(I):
 @sum(works(J):assignment(I,J))=capacity(I));
!数据
data:
```

```
capacity=1 1 1 1;
demand=1 1 1 1;
time=32 40 28 42
     46 43 30 52
     38 58 35 41
     31 56 27 49;
enddata
end
```
通过 Lingo 求解，可以得到：

最优方案为甲做 B，乙做 C，丙做 D，丁做 A，所需的总时间为 142 小时.

例 3.2.4　用 Lingo 软件求解例 **3.1.4**.

解　编写 Lingo 程序如下.

```
max=12*x1+13*x2+10*x3;
x1-1000*y1<=0;
x2-1000*y2<=0;
x3-1000*y3<=0;
y1+y2+y3<=2;
x1<=8;
x2<=6;
x3<=7;
2*x1+3*x2+5*x3-1000*y4<=18;
4*x1+2*x2+6*x3-1000*y4<=1200;
@gin(x1);
@gin(x2);
@gin(x3);
@bin(y1);
@bin(y2);
@bin(y3);
@bin(y4);
```
应用 Lingo 进行求解，可以得到：

由工厂 2 生产新产品，其中，产品 1 生产 2 个，产品 2 生产 6 个，可获最大利润为 102 百元.

3.3　整数规划的应用

在现实生活的许多领域中都有整数规划模型，这里仅介绍其中的几个典型问题，以便读者初步了解整数规划模型的重要性.

3.3.1　下料问题

例 3.3.1　制造某种机床，每台用长为 2.9 米，2.1 米和 1.5 米的轴件各一根. 已知三种轴件都要用长 7.4 米的圆钢下料. 若计划生产 100 台机床,最少要用多少根圆钢.

解 对于下料问题,首先要确定采用哪些下料方式. 所谓下料方式,就是指按照要求的长度在圆钢上安排下料的一种组合. 例如,可以在每一根圆钢上截取 2.9 米,2.1 米和 1.5 米的轴件各一根,每根圆钢剩下余料 0.9 米. 显然,可行的下料方式是很多的.

其次,应当明确哪些下料方式是合理的. 合理的下料方式通常要求余料不应大于或等于轴件的最小尺寸. 为此,只需找出所有合理的下料方式,如表 3-5 所示.

表 3-5

截法轴件 (米)	一根圆钢所截各类轴件数								需求量
	1	2	3	4	5	6	7	8	
2.9	2	1	1	1	0	0	0	0	100
2.1	0	2	1	0	3	2	1	0	100
1.5	1	0	1	3	0	2	3	4	100
余料(米)	0.1	0.3	0.9	0	1.1	0.2	0.8	1.4	

现在问题归结为:采用上面 8 种下料方式各截多少根圆钢,才能配成 100 套轴件,且使圆钢的总下料根数最少?

设 x_j 为按第 j 种截法下料的圆钢的数量,由此,可得该问题的数学模型如下:

$$\min \quad Z = x_1 + x_2 + x_3 + x_4 + x_5 + x_6 + x_7 + x_8$$

$$s.t. \begin{cases} 2x_1 + x_2 + x_3 + x_4 \geq 100 \\ 2x_2 + x_3 + 3x_5 + 2x_6 + x_7 \geq 100 \\ x_1 + x_3 + 3x_4 + 2x_6 + 3x_7 + 4x_8 \geq 100 \\ x_j \geq 0 \\ x_j \text{为整数}, \ j = 1, 2, \dots, 8 \end{cases}$$

编写 Lingo 程序如下:

```
min=x1+x2+x3+x4+x5+x6+x7+x8;
2*x1+x2+x3+x4>=100;
2*x2+x3+3*x5+2*x6+x7>=100;
x1+x3+3*x4+2*x6+3*x7+4*x8>=100;
@gin(x1);
@gin(x2);
@gin(x3);
@gin(x4);
@gin(x5);
@gin(x6);
```

```
@gin(x7);
@gin(x8);
```

应用 Lingo 软件进行求解，得出：

按第一种截法下料 40 根，按第二种截法下料 20 根，按第六种截法下料 30 根，可使圆钢的总下料根数最少．此时，圆钢总下料根数为 90 根．

3.3.2 选址问题

例 3.3.2 某县教育局为了方便学生入学，计划在邻近的四个村庄中的两个各设立一所小学．各村庄内以及各村庄间的平均步行时间（分钟）及各村庄的学生人数如表 3-6 所示．该县教育局希望：两所小学的招生人数基本持平，学生总的步行时间最短．问两所小学应分别建于哪两个村庄，以及各村庄的学生应分配到哪所小学上学才能符合教育局的要求．

表 3-6

村庄	平均步行时间（分钟）				学生人数
	1	2	3	4	
1	4	15	20	25	200
2	15	6	12	10	150
3	20	12	5	18	300
4	25	10	18	5	250

解 设 y_{ij} 为第 i 个村庄的学生去第 j 个村庄上学的人数，若第 j 个村庄建立小学，令 $x_j = 1$，否则，令 $x_j = 0$，$i,j = 1,2,3,4$．则该问题的数学模型为：

$$\min \ Z = 4y_{11} + 15y_{12} + 20y_{13} + 25y_{14} + 15y_{21} + 6y_{22} + 12y_{23} + 10y_{24} +$$
$$20y_{31} + 12y_{32} + 5y_{33} + 18y_{34} + 25y_{41} + 10y_{42} + 18y_{43} + 5y_{44}$$

$$s.t. \begin{cases} x_1 + x_2 + x_3 + x_4 = 2 \\ y_{11} + y_{12} + y_{13} + y_{14} = 200 \\ y_{21} + y_{22} + y_{23} + y_{24} = 150 \\ y_{31} + y_{32} + y_{33} + y_{34} = 300 \\ y_{41} + y_{42} + y_{43} + y_{44} = 250 \\ y_{11} + y_{21} + y_{31} + y_{41} \leq 450x_1 \\ y_{12} + y_{22} + y_{32} + y_{42} \leq 450x_2 \\ y_{13} + y_{23} + y_{33} + y_{43} \leq 450x_3 \\ y_{14} + y_{24} + y_{34} + y_{44} \leq 450x_4 \\ x_j = 0 或1, j = 1,2,3,4 \\ y_{ij} \geq 0 且取整数, i,j = 1,2,3,4 \end{cases}$$

编写 Lingo 程序如下：

```
sets:
village/1..4/:stunum,x;
links(village,village):t,y;
endsets
data:
stunum=200,150,300,250;
t=4 15 20 25
15 6 12 10
20 12 5 18
25 10 18 5;
enddata
min=@sum(links:t*y);
@sum(village:x)=2;
@for(village(i):
@sum(village(j):y(i,j))=stunum(i));
@for(village(j):
@sum(village(i):y(i,j))<=450*x(j));
@for(links:@gin(y));@for(village:@bin(x));
```

计算结果如下：

```
Global optimal solution found.
  Objective value:                    8500.000
  Model Class:                            PILP
Variable            Value       Reduced Cost
STUNUM( 1)       200.0000          0.000000
STUNUM( 2)       150.0000          0.000000
STUNUM( 3)       300.0000          0.000000
STUNUM( 4)       250.0000          0.000000
X( 1)              0.000000         0.000000
X( 2)              0.000000         0.000000
X( 3)              1.000000         0.000000
X( 4)              1.000000         0.000000
T( 1, 1)           4.000000         0.000000
T( 1, 2)          15.00000          0.000000
T( 1, 3)          20.00000          0.000000
T( 1, 4)          25.00000          0.000000
T( 2, 1)          15.00000          0.000000
T( 2, 2)           6.000000         0.000000
T( 2, 3)          12.00000          0.000000
T( 2, 4)          10.00000          0.000000
T( 3, 1)          20.00000          0.000000
```

T (3, 2)	12.00000	0.000000
T (3, 3)	5.000000	0.000000
T (3, 4)	18.00000	0.000000
T (4, 1)	25.00000	0.000000
T (4, 2)	10.00000	0.000000
T (4, 3)	18.00000	0.000000
T (4, 4)	5.000000	0.000000
Y (1, 1)	0.000000	4.000000
Y (1, 2)	0.000000	15.00000
Y (1, 3)	150.000	20.00000
Y (1, 4)	50.00000	25.00000
Y (2, 1)	0.000000	15.00000
Y (2, 2)	0.000000	6.000000
Y (2, 3)	0.000000	12.00000
Y (2, 4)	150.000	10.00000
Y (3, 1)	0.000000	20.00000
Y (3, 2)	0.000000	12.00000
Y (3, 3)	300.0000	5.000000
Y (3, 4)	0.000000	18.00000
Y (4, 1)	0.000000	25.00000
Y (4, 2)	0.000000	10.00000
Y (4, 3)	0.000000	18.00000
Y (4, 4)	250.0000	5.000000

即在第三村庄和第四村庄建立小学，第一村庄中的 150 名学生和第三村庄的全部学生到第三个村庄的小学上学，第一村庄中的 50 名学生和第二村庄、第四村庄的全部学生到第四村庄的小学上学，总的上学步行时间为 8500 分钟.

3.3.3 连续投资问题

例 3.3.3 某公司在今后 5 年内考虑给下列项目投资，已知条件如下：

项目 1：从第 1 年到第 4 年每年年初需要投资，并于次年末回收本利 115%，但要求第 1 年要么不投资，要么投资金额在 4 万元以上，第 2 年，第 3 年，第 4 年不限；

项目 2：第 3 年年初需要投资，到第 5 年年末能回收本利 125%，但规定要么不投资，要么投资金额在 3 万元以上，最高金额为 5 万元；

项目 3：第 2 年年初需要投资，到第 5 年年末能回收本利 140%，但规定要么不投资，要么其投资金额为 2 万元；

项目 4：5 年内每年年初可购买公债，于当年年末归还，并加利息 8%，此项投资金额不限.

该部门现有资金 20 万元. 问：应如何给这些项目投资，使到第 5 年年末拥有的资金本利总额为最大？

解 设 x_{ij} 为第 i 个项目第 j 年初的投资金额，$i=1,2,3,4$，$j=1,2,3,4,5$．若投资第第 k 个项目，令 $y_k=1$，否则，令 $y_k=0$，$k=1,2,3$，则可得该问题的数学模型如下：

$$\max \quad Z = 1.15x_{14} + 1.25x_{23} + 1.4x_{32} + 1.08x_{45}$$

$$s.t.\begin{cases} x_{11} + x_{41} = 20 \\ x_{12} + x_{32} - 1.08x_{41} + x_{42} = 0 \\ -1.15x_{11} + x_{13} + x_{23} - 1.08x_{42} + x_{43} = 0 \\ -1.15x_{12} + x_{14} - 1.08x_{43} + x_{44} = 0 \\ -1.15x_{13} - 1.08x_{44} + x_{45} = 0 \\ x_{11} - 4y_1 \geqslant 0 \\ x_{11} - 20y_1 \leqslant 0 \\ x_{23} - 5y_2 \leqslant 0 \\ x_{23} - 3y_2 \geqslant 0 \\ x_{32} - 2y_3 = 0 \\ x_{ij} \geqslant 0,\ i=1,2,3,4,\ j=1,2,3,4,5 \\ y_k = 0,1,\ k=1,2,3 \end{cases}$$

显然，该问题为混合整数规划问题．编写 Lingo 程序如下：

```
max=1.15*x14+1.25*x23+1.4*x32+1.08*x45;
x11+x41=20;
x12+x32-1.08*x41+x42=0;
-1.15*x11+x13+x23-1.08*x42+x43=0;
-1.15*x12+x14-1.08*x43+x44=0;
-1.15*x13-1.08*x44+x45=0;
x11-4*y1>=0;
x11-20*y1<=0;
x23-5*y2<=0;
x23-3*y2>=0;
x32-2*y3=0;
@bin(y1);
@bin(y2);
@bin(y3);
```

通过 Lingo 求解，可得最优投资方案为：

第一年年初将所有资金 20 万元全部用来投资第 4 个项目，年底收到本利共 21.6 万元；

第二年年初将 2 万元资金投入第三个项目，剩余 19.6 万元用于投资第 4 个项目，年底收到本利共 21.168 万元；

第三年年初将所有资金 21.168 万投资第 4 个项目，年底得本利共 22.86144 万元；

第四年年初将所有资金 22.86144 万投资第 4 个项目，年底得本利共 24.69036 万元；

第五年年初将所有资金 24.69036 万投资第 4 个项目，到年底时得到的本利加上第三个项目投资所得共计 29.46558 万元.

习题 3

1. 制造某种机床需要 A、B 两种轴件，其规格、需要量见表 3-7. 各种轴件都用长 10 米的圆钢来截毛坯. 如果制造 100 台机床，问最少要用多少根圆钢？

表 3-7

轴件	规格/米	每台机床所需轴件数量
A	3	2
B	4	3

2. 某钢筋车间要用一批长度为 5.5 米的钢筋下料，制作长度为 3.1 米的钢筋 60 根、2.1 米的钢筋 90 根和 1.2 米的钢筋 100 根. 问怎样下料最省？

3. 某人有一背包可以装 20 公斤重、0.05 立方米的物品. 他准备用来装甲、乙两种物品，每件物品的重量、体积和价值如表 3-8 所示. 问两种物品各装多少件，能使得所装物品的总价值最大？

表 3-8

物品 \ 规格	重量（公斤/件）	体积（立方米/件）	价值（元/件）
甲	2.4	0.004	8
乙	1.6	0.005	6

4. 在上个问题中，假如此人还有一只旅行箱，最大载重量为 24 公斤，其体积为 0.04 立方米. 又，背包和旅行箱二者只能选择其一. 试针对下述情形，分别建立数学模型，使所装物品价值最大：

（1）所装物品不变；

（2）如果选择旅行箱，则只能装载丙和丁两种物品，价值分别是 8 元/件和 6 元/件，载重量和体积的约束为

$$3.6x_1 + 1.2x_2 \leqslant 24, \quad 3x_1 + 2x_2 \leqslant 40.$$

5. 试引入 0—1 变量将下列各题分别表示为一般线性约束条件.

（1）$x_1 + x_2 \leqslant 16$ 或 $2x_1 + 3x_2 \geqslant 5$ 或 $x_1 + 2x_2 \leqslant 10$；

（2）若 $x_1 \leqslant 15$，则 $x_2 \geqslant 10$，否则 $x_2 \leqslant 6$；

（3）x_1 取值 0,1,3,5,7,9.

6. 企业计划生产 5000 件某种产品，该产品可以以自己加工、外协加工任意一种形式生产．已知每种生产形式的固定成本、生产该产品的变动成本以及每种生产形式的最大加工数量如表 3-9 所示．问：怎样安排产品的加工使总成本最小？

表 3-9

	固定成本（元）	变动成本（元/件）	最大加工数量（件）
本企业加工	600	7	2000
外协加工 1	900	6	2500
外协加工 2	700	9	不限

7. 某种商品有 n 个销地，各销地的需求量分别为 a_j（$j = 1, 2, ..., n$）吨/天．现拟在 m 个地点中选址建厂，来生产这种商品以满足供应，且规定一地最多只能建一个工厂．若选 i 地建厂，将来生产能力为 b_i 吨/天，固定费用为 d_i（$i = 1, 2, ..., m$）元/天．已知 i 地至销地 j 的运价为 c_{ij} 元/吨．应如何选择厂址和安排调运，使总费用最少？

8. 甲、乙、丙、丁四人加工 A, B, C, D 四种工件所需时间（分钟）如表 3-10 所示．应指派何人加工何种工件，能使总的加工时间最少？

表 3-10

工件\人	A	B	C	D
甲	14	9	4	15
乙	11	7	9	10
丙	13	2	10	5
丁	17	9	15	13

9. 分配甲、乙、丙、丁四个人去完成五项工作．每人完成各项工作的时间（分钟）如表 3-11 所示．由于工作数多于人数，因而其中一个人可完成两项工作，其余 3 个人每人完成一项．

（1）试确定总花费时间最少的指派方案；

（2）若表中数字表示完成工作所创造的利润（元），指派方案会有变化吗？

（3）在问题（2）的前提下，如果将表中数字都乘以 10，然后求解，问最优解有无变化？

表 3-11

	工作				
人	A	B	C	D	E
甲	20	25	30	41	35
乙	36	37	24	18	32
丙	33	26	29	42	30
丁	22	43	35	22	46

10. 有 5 个工人甲、乙、丙、丁、戊，要从中挑选 4 人去完成四项不同的任务，已知每人完成各项任务的时间（分钟）如表 3-12 所示. 现规定每项任务只能由一个人单独完成，每个人最多承担一项任务，又假定甲不能承担第 3 项任务，丁不能承担第 4 项任务. 问在满足上述条件下，如何分配任务使完成四项任务总的花费时间最少？

表 3-12

	任务			
人	I	II	III	IV
甲	8	4	—	20
乙	3	9	5	12
丙	6	13	11	18
丁	10	2	8	—
戊	9	7	17	15

11. 设有 n 个投资项目，其中第 j 个项目需要资金 a_j 万元，将来可获利润 c_j 万元. 若现有资金总额为 b 万元，则应选择哪些投资项目，才能获利最大？

12. 某公司计划在市区的东、西、南、北四区建立销售门市部，拟议中有 10 个位置 A_i $(i = 1, 2, ..., 10)$ 可供选择，考虑到各地区居民的消费水平及居民居住密度，规定：

在东区由 A_1，A_2，A_3 三个点中至多选择两个；

在西区由 A_4，A_5 两个点中至少选一个；

在南区由 A_6，A_7 两个点中至少选一个；

在北区由 A_8，A_9，A_{10} 三个点中至多选择两个.

A_i 各点的设备投资及每年可获利润由于地点不同都是不一样的，预测情况如表 3-13 所示.

表 3-13 单位：万元

	A_1	A_2	A_3	A_4	A_5	A_6	A_7	A_8	A_9	A_{10}
投资额	50	60	75	40	35	45	40	70	80	90
利润	18	20	25	11	10	15	12	24	29	30

又，投资总额不能超过 360 万元，问应选择哪几个位置建销售部，可使年利润为最大？

13．某投资公司有 6 个项目被列入投资计划，各项目的投资额和期望的投资收益见表 3-14．

表 3-14

项目	投资额（万元）	收益（万元）	项目	投资额（万元）	收益（万元）
1	200	160	4	150	90
2	300	220	5	250	170
3	100	65	6	350	260

该公司现有可用资金共 1000 万元，由于技术原因，投资受以下限制：

（1）在项目 1、2 和 3 中至少有一项被选中；

（2）项目 3、4 和 5 只能选中一项；

（3）项目 6 被选中的前提是项目 1 必须被选中．

如何在上述条件下，选择一个最好的投资方案，使收益最大？

14．某厂拟用 M 元资金购买 m 种设备 A_1，A_2，$\cdots$，A_m，其中设备 A_i 单价为 $p_i(i=1,2,...,m)$．现有 n 个地点 B_1，B_2，$\cdots$，B_n 可装置这些设备，其中 B_j 处最多可装置 b_j 台 $(j=1,2,...,n)$．预计将一台设备 A_i 装置于 B_j 处可获纯利 c_{ij} 元，则应如何购置这些设备，才能使预计总利润为最大？

15．某容器公司制造小、中、大三种尺寸的金属容器，所用资源为金属板、劳动力和机器设备，制造一个容器所需各种资源的数量如表 3-15 所示．

表 3-15

资源	小号容器	中号容器	大号容器
金属板/吨	2	5	9
劳动力/(人/月)	2	3	5
机器设备/(台/月)	1	2	4

不考虑固定费用，每种容器售出一只所得的利润分别为 5 万元，6 万元，7 万元，可使用的金属板为 600 吨，劳动力为 360 人/月，机器设备为 160 台/月，此外，

不管每种容器制造的数量是多少，都要支付一笔固定费用：小号为 100 万元，中号为 130 万元，大号为 180 万元．问：如何制定生产计划，使获得的利润最大？

案例分析

案例 1：工厂选址问题

某企业在 A_1 地已有一个工厂，其产品的生产能力为 35 千箱，为了扩大生产，打算在 A_2，A_3，A_4，A_5 地中再选择几个地方建厂．已知在 A_2 地建厂的固定成本为 180 千元，在 A_3 地建厂的固定成本为 300 千元，在 A_4 地建厂的固定成本为 360 千元，在 A_5 地建厂的固定成本为 500 千元，另外，A_1 的产量，A_2，A_3，A_4，A_5 建成厂后的产量，那时销地的销量以及产地到销地的单位运价（每千箱运费）如表 3-16 所示．

（1）问应该在哪几个地方建厂，在满足销量的前提下，使得总的固定成本和总的运输费用之和最小；

（2）如果由于政策要求必须在 A_2，A_3 地建一个厂，应在哪几个地方建厂？

表 3-16

单价　销地 产地	B_1	B_2	B_3	产量/千箱
A_1	8	3	3	35
A_2	6	2	5	15
A_3	5	4	7	25
A_4	9	8	6	35
A_5	12	5	2	40
销量/千箱	35	25	25	

案例 2：机票购买策略

某公司的张总经理常驻公司的北京总部，但他需要去广州营业部检查指导工作．已知第三季度他去广州的日程安排如表 3-17 所示．这样在 7 月 1 日就可以提前预定所有航班机票．表 3-18 给出北京—广州间不同提前预定的单程或往返机票价．且航空公司规定，如机票往返日期间隔超过 15 天，票价额外优惠 100 元，超过 30 天额外优惠 200 元，超过 60 天额外优惠 300 元．试为张总经理找出一个总支出最少的购票策略.

表 3-17　张总经理行程安排

北京→广州	广州→北京	北京→广州	广州→北京
7 月 2 日	7 月 6 日	9 月 4 日	9 月 9 日
7 月 22 日	7 月 25 日	9 月 22 日	9 月 26 日
8 月 11 日	8 月 14 日		

表 3-18　机票价

提前预定天数	单程	往返
<15	1920	3200
≥15	1536	2560
≥30	1344	2240
≥60	1152	1920

第 4 章　目标规划

本章学习目标

- 理解目标规划的基本概念
- 了解目标规划在多目标决策中的作用
- 掌握目标规划的建模和基本求解方法
- 掌握目标规划在经济管理中的应用

4.1　目标规划的数学模型

在经济建设和生产管理中，很多决策问题往往需要同时考虑多个不同目标的优化问题，即多目标决策问题，此时不能用求解单目标问题的方法来求解．目标规划是解决多目标决策问题的方法，它把多目标决策问题转化为线性规划问题来求解，因此仍属于线性规划的范畴．

下面通过具体实例来介绍目标规划的有关概念、数学模型以及目标规划与线性规划的区别．

例 4.1.1　某汽车制造厂生产 A，B 两种型号的汽车，该制造厂每年原材料的供应量为 1600 吨，生产一辆汽车所需要的原材料都是 2 吨，工厂的生产能力是每 5 小时可生产一辆 A 型号汽车，每 2.5 小时可生产一辆 B 型号汽车，制造厂全年的有效工时为 2500 小时；已知供应给该厂 A 型号汽车用的轮胎每年可装配 400 辆．根据调查，生产每辆 A 型号汽车可获利 4000 元，B 型号汽车为 3000 元．负责人如何安排生产计划可使该制造厂每年所获利润最大？

解　设 x_1, x_2 分别表示该制造厂每年生产的 A，B 两种型号汽车的数量，则可建立该问题的数学模型如下：

$$\max Z = 4000x_1 + 3000x_2$$

$$s.t. \begin{cases} 2x_1 + 2x_2 \leqslant 1600 \\ 5x_1 + 2.5x_2 \leqslant 2500 \\ x_1 \leqslant 400 \\ x_1 \geqslant 0, \ x_2 \geqslant 0 \end{cases}.$$

求解上述模型，得到最优解为 $x_1 = 200$ 辆，$x_2 = 600$ 辆，最优值为 $z^* = 260$ 万元．即每年分别生产 A，B 型号汽车 200 辆，600 辆，可获得最大利润 260 万元．

事实上，该负责人在制定生产计划时往往需要考虑市场等一系列其它条件，例如：

（1）希望达到或超过原计划利润指标 260 万元；

（2）根据市场的需求，A 型号汽车的产量不超过 300 辆；

（3）充分利用工厂的有效工时，尽量不加班；

（4）原材料的消耗量不超过库存量.

这样在制定生产计划时，就需要重新调整生产方案，于是就产生了一个多目标决策问题.

下面引入与建立目标规划模型有关的概念.

1. 正、负偏差变量 d^+, d^-

用正偏差变量 d^+ 表示决策值超过目标值的部分，负偏差变量 d^- 表示决策值未达到目标值的部分. 规定：若决策值超出目标值时，$d^+ > 0$，$d^- = 0$；若决策值未达到目标值时，$d^- > 0$，$d^+ = 0$；当决策值与目标值相等时，$d^+ = d^- = 0$. 于是，我们可以得到 $d^+ \times d^- = 0$，即决策值不可能既超过目标值同时又未达到目标值.

2. 绝对约束和目标约束

绝对约束是指必须严格满足的等式和不等式约束，如线性规划问题中的所有约束条件都是绝对约束. 目标约束是目标规划特有的约束，它把右端常数项作为要追求的目标值. 在达到此目标值时允许发生正或负偏差，因此在目标表达式左端加入正、负偏差变量构成等式约束. 目标约束是由决策变量，正、负偏差变量及目标值构成的软约束. 与目标约束不同，绝对约束是硬约束，并且，可以根据问题的需要转化为目标约束.

3. 优先等级（优先因子）与权系数

在一个目标规划的模型中，并不是每一个目标都处于均等的地位. 即，在要求达到这些目标时，一般有主次先后之分，此时用优先因子来区分目标的重要程度，排在第一位的目标赋予优先因子为 P_1，第二位的优先因子为 P_2，…，设共有 k 个优先因子，则规定 $P_i \gg P_{i+1}, i = 1, 2, \cdots, k-1$. 也就是说，在求解过程中，首先要保证 P_1 级目标的实现，这时不需要考虑次级目标；而 P_2 级目标是在实现 P_1 级目标的基础上考虑的，依此类推. 在同一优先级别中，为区分不同目标要求的重要程度，可分别赋予它们不同的权系数. 权系数为数字，数越大表明该目标越重要. 优先因子及权系数，均由决策者按具体情况来确定.

4. 目标规划的目标函数

目标规划的目标函数是由各目标约束的正、负偏差变量及其相应的优先因子、权系数构成的函数，决策者的要求是尽可能从某个方向缩小偏离目标的数值，使决策值尽可能达到目标值，因此目标函数应该是求极小：$\min f = f(d^+, d^-)$. 其基本形式有三种：

（1）要求恰好达到目标值，即正、负偏差变量尽可能地小，即

$$\min z = f(d^+ + d^-) \text{;}$$

（2）要求不超过目标值，即允许达不到目标值，但正偏差变量尽可能地小，即 $\min z = f(d^+)$；

（3）要求超过目标值，即超过量不限，但负偏差变量尽可能地小，即 $\min z = f(d^-)$.

对每一个具体的目标规划问题，可根据决策者的要求和赋予各目标的优先因子来构造目标函数.

例 4.1.2 在例 4.1.1 的基础上，考虑上文提到的四种情形，重新确定决策方案.

解 针对例 4.1.1 的问题，由于受到市场销售、原材料价格等情况的影响，适当调整生产计划，但要尽量保证利润不减少. 依次考虑上面的四个目标：

（1）应尽可能达到或超过原计划利润指标 260 万元，即

$$4000x_1 + 3000x_2 + d_1^- - d_1^+ = 2600000 \text{;}$$

（2）A 型号汽车的产量不应超过 300 辆，即

$$x_1 + d_2^- - d_2^+ = 300 \text{;}$$

（3）充分利用工厂有效工时，尽量不加班，即

$$5x_1 + 2.5x_2 + d_3^- - d_3^+ = 2500 \text{;}$$

（4）原材料的消耗量不超过库存量，即

$$2x_1 + 2x_2 + d_4^- - d_4^+ = 1600 \text{.}$$

根据目标之间的相对重要程度，分等级和权重，求出相对最优解.

按照决策者要求，对上述四个目标赋予优先因子，分别以 P_1, P_2, P_3, P_4 表示. 对于 P_1 级目标，负偏差变量尽可能地小，所以 $P_1 d_1^-$ 尽可能小；对于 P_2 级目标，正偏差变量尽可能地小，所以 $P_2 d_2^+$ 尽可能小；对于 P_3 级目标，正、负偏差变量都要尽可能地小，所以 $P_3(d_3^+ + d_3^-)$ 尽可能小；对于 P_4 级目标，正偏差变量尽可能地小，所以 $P_4 d_4^+$ 尽可能小.

于是我们得到下面的目标规划模型：

$$\min \quad Z = P_1 d_1^- + P_2 d_2^+ + P_3(d_3^+ + d_3^-) + P_4 d_4^+$$

$$s.t. \begin{cases} 4000x_1 + 3000x_2 + d_1^- - d_1^+ = 2600000 \\ x_1 + d_2^- - d_2^+ = 300 \\ 5x_1 + 2.5x_2 + d_3^- - d_3^+ = 2500 \\ 2x_1 + 2x_2 + d_4^- - d_4^+ = 1600 \\ x_1 \geqslant 0, x_2 \geqslant 0 \\ d_1^-, d_1^+, d_2^-, d_2^+, d_3^-, d_3^+, d_4^-, d_4^+ \geqslant 0 \end{cases}$$

目标规划的一般数学模型为：

$$\min \ z = \sum_{l=1}^{L} P_l [\sum_{k=1}^{K} (\omega_{lk}^- d_k^- + \omega_{lk}^+ d_k^+)]$$

$$s.t. \begin{cases} \sum_{j=1}^{n} c_{kj} x_j + d_k^- - d_k^+ = g_k, k = 1, 2, \cdots, K \\ \sum_{j=1}^{n} a_{ij} x_j = (\leqslant, \geqslant) \ b_i, i = 1, 2, \cdots, m \\ x_j \geqslant 0, j = 1, 2, \cdots, n \\ d_k^-, d_k^+ \geqslant 0, k = 1, 2, \cdots, K \end{cases}.$$

其中 P_l ($l = 1, 2, \cdots, L$) 为优先因子,且 $P_l \geqslant P_{l+1}$ ($l = 1, 2, \cdots, L-1$). $\omega_{lk}^-, \omega_{lk}^+$ 为权系数,数值根据实际问题来确定. c_{kj} ($k = 1, 2, \cdots, K; j = 1, 2, \cdots, n$) 为各目标的相关参数值, g_k ($k = 1, 2, \cdots, K$) 为第 k 个目标的指标值, a_{ij}, b_i ($j = 1, 2, \cdots, n; i = 1, 2, \cdots, m$) 为系统约束的相关系数,它们均为已知常数.

至此,建立目标规划数学模型的步骤可以归纳为:

（1）根据实际问题所要满足的条件与达到的目标,设出决策变量,列出目标约束和绝对约束;

（2）通过引入正、负偏差变量将某些或全部绝对约束转化为目标约束;

（3）根据目标的主次,给出各级目标的优先因子 P_l ($l = 1, 2, \cdots, L$),对同一层次优先级的不同目标,按其重要程度赋予相应的权系数 $\omega_{lk}^+, \omega_{lk}^-$;

（4）确定各级的目标函数,然后构造一个由优先因子和权系数组成的、要求最小化的总目标函数.

4.2 目标规划的 Lingo 求解

目标规划问题,通常借助于序贯算法进行求解. 序贯算法,又称为动态求解算法,是一类较早的传统算法. 它的基本求解思路是根据优先级的先后次序,将目标规划问题分解成一系列的单目标规划问题,然后再依次求解,最后求得问题的最优解（满意解）.

然而,序贯算法的求解过程比较繁琐,不利于初学者掌握. 本节介绍求解目标规划问题的另外一种方法,该方法的实质为单纯形法. 应用这种方法处理目标规划问题时,可以针对不同的优先级赋予不同的数值,优先级越高,赋予的数值越大,对于某些特殊问题,可适当加大各优先级级差.

下面通过具体实例,利用 Lingo 软件,来阐述这种方法的运用.

例 4.2.1 某机床厂拟生产甲、乙、丙三种型号的机床,每生产一台甲、乙、丙型号的机床需要的工时分别为 6 小时、9 小时、10 小时,根据历史销售经验,甲、乙、丙型号的机床每月市场需求分别为 10 台、12 台、8 台,每销售一台的利润分别为 2.2 万元、3 万元、4 万元. 生产线每月的工作时间为 240 小时. 企业负责人在制定生产计划时, 首先要保证利润不低于计划利润 78 万元; 其次, 根据市场调查, 乙型机床销量有下降的趋势, 丙型机床销量有上升的趋势, 因而, 乙型机床的产量不应多于丙型机床的产量; 此外, 由于市场变化, 甲型机床的原材料成本增加, 使得利润下降, 应适当降低其产量; 最后, 要充分利用原有的设备台时, 尽量不要加班生产. 试为该企业制定合理的生产计划.

解 企业负责人确定下面 4 项作为企业的主要目标, 并按其重要程度排列如下:

第一个目标, 达到或超过计划利润指标 78 万元, 赋予优先因子 p_1;

第二个目标, 乙型机床产量不应多于丙型机床产量, 赋予优先因子 p_2;

第三个目标, 甲型机床的原材料成本增加, 使得利润下降, 应适当降低其产量, 赋予优先因子 p_3;

第四个目标, 应充分利用原有的设备台时, 尽量不要加班生产, 赋予优先因子 p_4.

现在用目标规划来解决这个多目标决策问题.

（1）确定决策变量.

设: x_1 为甲型机床的数量, x_2 为乙型机床的数量, x_3 为丙型机床的数量.

（2）确定目标约束.

1）销售利润的目标约束.

用 d_1^- 表示销售利润达不到 78 万元的偏差量, 用 d_1^+ 表示销售利润超过 78 万元的偏差量, 故有

$$\min z_1 = d_1^-$$
$$s.t. \quad 2.2x_1 + 3x_2 + 4x_3 + d_1^- - d_1^+ = 78.$$

2）产量的目标约束.

用 d_2^- 表示乙型机床的产量少于丙型机床产量的偏差量, 用 d_2^+ 表示乙型机床的产量多于丙型机床产量的偏差量, 根据企业的目标要求, 有

$$\min z_2 = d_2^+$$
$$s.t. \quad x_2 - x_3 + d_2^- - d_2^+ = 0.$$

3）产量的另一目标约束.

用 d_3^- 表示甲型机床的产量少于 10 辆的偏差量, 用 d_3^+ 表示甲型机床的产量多于 10 辆的偏差量, 根据企业的目标要求,

$$\min z_3 = d_3^+$$
$$s.t. \quad x_1 + d_3^- - d_3^+ = 10.$$

4）加班时间的目标约束.

用 d_4^- 和 d_4^+ 分别表示不足和超过 240 设备台时的偏差量, 根据企业的目标要求

（充分利用原有的设备台时，尽量不要加班生产），有

$$\min z_4 = d_4^- + d_4^+$$
$$s.t. \quad 6x_1 + 9x_2 + 10x_3 + d_4^- - d_4^+ = 240 .$$

从而可得该问题的目标规划模型为：

$$\min z = p_1 d_1^- + p_2 d_2^+ + p_3 d_3^+ + p_4(d_4^+ + d_4^-)$$

$$s.t. \begin{cases} x_1 \leqslant 10 \\ x_2 \leqslant 12 \\ x_3 \leqslant 8 \\ 2.2x_1 + 3x_2 + 4x_3 + d_1^- - d_1^+ = 78 \\ x_2 - x_3 + d_2^- - d_2^+ = 0 \\ x_1 + d_3^- - d_3^+ = 10 \\ 6x_1 + 9x_2 + 10x_3 + d_4^- - d_4^+ = 240 \\ x_1, x_2, x_3, d_i^-, d_i^+ \geqslant 0 \quad (i = 1,2,3,4) \end{cases}$$

下面应用 Lingo 软件来求解上述目标规划模型.

在此对应各个优先级分别设为 $p_1 = 10000$，$p_2 = 1000$，$p_3 = 100$，$p_4 = 1$.

```
min=10000*d1_+1000*d2+100*d3+d4_+d4;
x1<=10;
x2<=12;
x3<=8;
2.2*x1+3*x2+4*x3+d1_-d1=78;
x2-x3+d2_-d2=0;
x1+d3_-d3=10;
6*x1+9*x2+10*x3+d4_-d4=240;
```

应用 Lingo 软件求解可得如下结果：

Variable	Value	Reduced Cost
D1_	0.000000	9669.667
D2	0.000000	0.000000
D3	0.000000	100.0000
D4_	28.00000	0.000000
D4	0.000000	2.000000
X1	10.00000	0.000000
X2	8.000000	0.000000
X3	8.000000	0.000000
D1	0.000000	330.3333
D2_	0.000000	1000.000
D3_	0.000000	0.000000

从计算结果可以看出，问题的最优解（满意解）为甲机床生产 10 辆，乙机床

和丙机床均生产 8 辆，获得利润 78 万元，有 28 个设备工时未利用．

4.3 目标规划的应用

4.3.1 生产计划问题

某企业接到了订购 15000 件甲型和乙型产品的订货合同，合同中没有对这两种产品各自的数量作任何要求，但合同要求该企业在一周内完成生产任务并交货．根据该企业的生产能力，一周内可以利用的生产时间为 21000 分钟，可利用的包装时间为 35000 分钟，生产一件甲型和乙型产品的时间分别为 2 分钟和 1 分钟，包装一件甲型和乙型产品的时间分别为 2 分钟和 3 分钟．每件甲型产品成本为 8 元，利润为 9 元，每件乙型产品成本为 12 元，利润为 8 元．企业负责人首先考虑必须要按合同完成订货任务，并且既不要有不足量，也不要有超过量；其次要求销售额尽量达到或接近 260000 元．最后考虑可以加班，但加班时间尽量地少．试为该企业制定合理的生产计划．

解 企业负责人确定下面 3 项作为企业的主要目标，并按其重要程度排列如下：

第一个目标，恰好生产和包装完成 15000 件甲型和乙型产品，赋予优先因子 p_1；

第二个目标，完成或尽量达到销售额 260000 元，赋予优先因子 p_2；

第三个目标，加班时间尽量地少，赋予优先因子 p_3．

现在用目标规划来解决这个多目标的规划问题．

（1）确定决策变量．

设：x_1 为甲型产品的数量，x_2 为乙型产品的数量．

（2）确定目标约束．

1）产品数量的目标约束．

用 d_1^- 表示甲型和乙型产品的总产量达不到 15000 件的偏差量，用 d_1^+ 表示甲型和乙型产品的总产量超过 15000 件的偏差量，故有

$$\min z_1 = d_1^- + d_1^+$$
$$s.t. \ x_1 + x_2 + d_1^- - d_1^+ = 15000 .$$

2）销售额的目标约束．

用 d_2^- 表示销售额达不到 260000 元的偏差量，用 d_2^+ 表示销售额超过 260000 元的偏差量，由企业的目标要求，有

$$\min z_2 = d_2^-$$
$$s.t. \ 17x_1 + 20x_2 + d_2^- - d_2^+ = 260000 .$$

3）加班时间的目标约束．

用 d_3^- 和 d_3^+ 分别表示减少和增加生产时间的偏差量，用 d_4^- 和 d_4^+ 分别表示减少和增加包装时间的偏差量，根据目标的要求（加班的时间尽量地少），我们有

$$\min z_3 = d_3^+ + d_4^+$$

$$s.t. \begin{cases} 2x_1 + x_2 + d_3^- - d_3^+ = 21000 \\ 2x_1 + 3x_2 + d_4^- - d_4^+ = 35000 \end{cases}.$$

于是，该问题的目标规划模型可以写为

$$\min z = p_1(d_1^- + d_1^+) + p_2 d_2^- + p_3(d_3^+ + d_4^+)$$

$$s.t. \begin{cases} x_1 + x_2 + d_1^- - d_1^+ = 15000 \\ 17x_1 + 20x_2 + d_2^- - d_2^+ = 260000 \\ 2x_1 + x_2 + d_3^- - d_3^+ = 21000 \\ 2x_1 + 3x_2 + d_4^- - d_4^+ = 35000 \\ x_1, x_2, d_i^-, d_i^+ \geqslant 0 \quad (i = 1, 2, 3, 4) \end{cases}.$$

下面应用 Lingo 软件来求解上述目标规划模型.

```
min=1000*d1_+1000*d1+100*d2_+d3+d4;
x1+x2+d1_-d1=15000;
17*x1+20*x2+d2_-d2=260000;
2*x1+x2+d3_-d3=21000;
2*x1+3*x2+d4_-d4=35000;
```

应用 Lingo 软件求解可得如下结果：

Variable	Value	Reduced Cost
D1_	0.000000	996.0000
D1	0.000000	1004.000
D2_	0.000000	100.0000
D3	4000.000	0.000000
D4	0.000000	0.000000
X1	10000.00	0.000000
X2	5000.000	0.000000
D2	10000.00	0.000000
D3_	0.000000	1.000000
D4_	0.000000	1.000000

从计算结果可以看出，问题的最优解（满意解）为甲型产品生产 10000 件，乙型产品生产 5000 件，生产时间需要增加 4000 分钟.

4.3.2 产品销售问题

某书店现有 4 名全职销售员和 3 名兼职销售员，全职销售员和兼职销售员每月的工作时间分别为 150 小时和 70 小时. 根据已有的销售记录，全职销售员平均

每小时销售 30 本,平均工资 15 元/小时,加班工资 30 元/小时. 兼职销售员平均每小时销售 15 本,平均工资 10 元/小时,加班工资 15 元/小时. 已知每售出一本书的平均盈利为 20 元.

为提高销售额,书店负责人首先要求下月图书的销售量不少于 25000 本,根据已有数据,销售员可能需要加班才能完成任务. 其次,销售员如果加班过多,就会因为疲劳过度而使得工作效率下降,因此,全职销售员每月加班不允许超过 100 小时. 此外,要保持稳定的就业水平,并且加倍优先考虑全职销售员. 最后,尽量减少加班时间,必要时要对两类销售员有所区别,主要依据他们对利润的贡献大小而定. 试为该书店制定下一个月的工作方案.

解 根据实际情况,确定问题的目标和优先级:

第一个目标,图书的销售量不少于 25000 件,赋予优先因子 p_1;

第二个目标,全职销售员的加班时间不超过 100 小时,赋予优先因子 p_2;

第三个目标,保持全体销售员的充分就业,要加倍优先考虑全职销售员,赋予优先因子 p_3;

第四个目标,尽量减少销售员的加班时间,必要时对两类销售员有所区别,优先权因子由他们对利润的贡献大小而定,赋予优先因子 p_4.

现在用目标规划来解决这个多目标的规划问题.

(1)确定决策变量.

设:x_1 为所有全职销售员的工作时间;x_2 为所有兼职销售员的工作时间.

(2)确定目标约束.

1)图书销售量的目标约束.

用 d_1^- 表示达不到销售目标的偏差量,用 d_1^+ 表示超过销售目标的偏差量,故有

$$\min z_1 = d_1^-$$
$$s.t.\ 30x_1 + 15x_2 + d_1^- - d_1^+ = 25000 .$$

2)加班时间的目标约束.

用 d_2^- 和 d_2^+ 分别表示全部全职销售员加班时间不足 100 小时和超过 100 小时的偏差量,根据问题要求,有

$$\min z_2 = d_2^+$$
$$s.t.\ x_1 + d_2^- - d_2^+ = 700 .$$

3)正常工作时间的目标约束.

用 d_3^- 和 d_3^+ 分别表示全职销售员停工时间和加班时间的偏差量,用 d_4^- 和 d_4^+ 分别表示兼职销售员停工时间和加班时间的偏差量,由书店的目标,加倍优先考虑全职销售员,有

$$\min z_3 = 2d_3^- + d_4^- .$$

$$s.t. \begin{cases} x_1 + d_3^- - d_3^+ = 600 \\ x_2 + d_4^- - d_4^+ = 210 \end{cases}.$$

4）加班工作的目标约束.

全职销售员加班 1 小时，书店获利 570 元，兼职销售员加班 1 小时，书店获利 285 元，因此，根据目标要求，我们取二者的加权系数分别为 2 和 1，于是

$$\min z_4 = 2d_3^+ + d_4^+$$

$$s.t. \begin{cases} x_1 + d_3^- - d_3^+ = 600 \\ x_2 + d_4^- - d_4^+ = 210 \end{cases}.$$

于是，可得该问题的目标规划模型为：

$$\min z = p_1 d_1^- + p_2 d_2^+ + p_3(2d_3^- + d_4^-) + p_4(2d_3^+ + d_4^+)$$

$$s.t. \begin{cases} 30x_1 + 15x_2 + d_1^- - d_1^+ = 25000 \\ x_1 + d_2^- - d_2^+ = 700 \\ x_1 + d_3^- - d_3^+ = 600 \\ x_2 + d_4^- - d_4^+ = 210 \\ x_1, x_2, d_i^-, d_i^+ \geqslant 0 \quad (i = 1, 2, 3, 4) \end{cases}.$$

下面应用 Lingo 软件来求解上述目标规划模型.

```
min=10000*d1_+1000*d2+200*d3_+100*d4_+2*d3+d4;
30*x1+15*x2+d1_-d1=25000;
x1+d2_-d2=700;
x1+d3_-d3=600;
x2+d4_-d4=210;
@gin(x1);
@gin(x2);
```

应用 Lingo 软件求解可得如下结果：

Variable	Value	Reduced Cost
D1_	0.000000	10000.00
D2	0.000000	0.000000
D3_	0.000000	202.0000
D4_	0.000000	101.0000
D3	100.0000	0.000000
D4	57.00000	0.000000
X1	700.0000	1002.000
X2	267.0000	1.000000
D1	5.000000	0.000000
D2_	0.000000	1000.000

根据计算结果，全职销售员工作 700 小时（加班 100 小时），兼职销售员工作 267 小时（加班 57 小时），即可完成 25000 本图书的销售任务.

4.3.3 投资决策问题

某集团计划用 1500 万元对下属 5 家企业进行技术改造，各企业单位投资额已知．预计技术改造完成后单位投资收益率（（单位投资获得利润/单位投资额）× 100%）如表 4-1 所示．

表 4-1

	企业 1	企业 2	企业 3	企业 4	企业 5
单位投资额（万元）	15	10	20	12	25
单位投资收益率%	4.85	3.75	5.22	3.88	6.15

集团制定的目标是：

（1）充分利用现有投资额，尽量不追加预算；

（2）总期望收益率达到总投资的 0.25%；

（3）保证企业 5 的投资不超过 30%。

问：集团应如何做出投资决策？

解 设 $x_j(j=1,2,3,4,5)$ 为该集团对第 j 家企业投资的单位数．

（1）总投资约束

$$15x_1+10x_2+20x_3+12x_4+25x_5+d_1^--d_1^+=1500$$

（2）投资收益约束

$$4.85x_1+3.75x_2+5.22x_3+3.88x_4+6.15x_5+d_2^--d_2^+$$
$$=0.25(15x_1+10x_2+20x_3+12x_4+25x_5)$$

整理得

$$1.1x_1+1.25x_2+0.22x_3+0.88x_4-0.1x_5+d_2^--d_2^+=0.$$

（3）企业 5 投资约束

$$25x_5+d_3^--d_3^+=0.3(15x_1+10x_2+20x_3+12x_4+25x_5).$$

整理得

$$-4.5x_1-3x_2-6x_3-3.6x_4+17.5x_5+d_3^--d_3^+=0.$$

根据目标重要性依次写出目标函数，整理后得到该投资决策问题的目标规划数学模型：

$$\min\ Z=p_1(d_1^-+d_1^+)+p_2d_2^-+p_3d_3^+$$

$$s.t\begin{cases}15x_1+10x_2+20x_3+12x_4+25x_5+d_1^--d_1^+=1500\\1.1x_1+1.25x_2+0.22x_3+0.88x_4-0.1x_5+d_2^--d_2^+=0\\-4.5x_1-3x_2-6x_3-3.6x_4+17.5x_5+d_3^--d_3^+=0\\x_j,d_i^-,d_i^+\geqslant 0\quad(i=1,2,3;j=1,2,3,4,5)\end{cases}$$

下面应用 Lingo 软件来求解上述目标规划模型.

```
min=10000*d1_+10000*d1+1000*d2_+100*d3;
15*x1+10*x2+20*x3+12*x4+25*x5+d1_-d1=1500;
1.1*x1+1.25*x2+0.22*x3+0.88*x4-0.1*x5+d2_-d2=0;
-4.5*x1-3*x2-6*x3-3.6*x4+17.5*x5+d3_-d3=0;
```

应用 Lingo 软件求解可得如下结果:

Variable	Value	Reduced Cost
D1_	0.000000	10000.00
D1	0.000000	10000.00
D2_	0.000000	1000.00
D3	0.000000	100.0000
X1	0.000000	0.000000
X2	0.000000	0.000000
X3	52.50000	0.000000
X4	0.000000	0.000000
X5	18.00000	0.000000
D2	9.750000	0.000000
D3_	0.000000	0.000000

由上述计算结果可知, 对企业 3 投资 52.5 个单位 (1050 万元), 企业 5 投资 18 个单位 (450 万元), 其余企业不投资, 可满足该集团的投资要求.

习题 4

1. 试述目标规划的数学模型与一般线性规划数学模型的相同和不同之处.

2. 某玩具制造厂生产 A 型和 B 型玩具, 在生产过程中, 两种玩具需要同一种关键材料分别为 6kg 和 4kg. 每件 A 型和 B 型玩具可获得利润分别为 100 元和 80 元. 每周关键材料的计划供应量为 240kg, 若不够时可议价购入不多于 80kg 的此种材料, 由于原材料价格上涨, 致使 A 型和 B 型玩具的利润下降, 每件降低 10 元, 试建立该问题的目标规划模型, 并为该玩具厂制定最优的生产计划方案 (优先顺序可根据经验来确定).

3. 假设某洗衣机厂生产全自动和半自动两种洗衣机, 每生产一台这两种洗衣机都需要工时为 1 (h/台). 工厂的正常生产能力是每日两班、每周工作 80 小时. 根据市场需求, 每周的最大销售量为全自动 70 台, 半自动 35 台. 已知每售出一台全自动和半自动洗衣机的利润分别为 250 元和 150 元, 为了制定合理的生产计划, 负责人提出:

(1) 尽量避免开工不足;

(2) 当任务重时, 可以采用加班的方法扩大生产, 但每周加班最好不超过 10 小时;

(3) 尽量达到销售指标;

（4）尽可能减少加班时间.

试建立该问题的目标规划模型，并为该厂给出一个满意的生产方案.

4. 某公司的员工工资有四级，根据实际需要，公司准备引进部分新员工，并将员工的工资提升一级. 该公司的员工工资及提级前后的编制情况如表4-2所示，其中提级后编制是计划编制，可以有变化，其中1级员工中有8%要退休. 公司负责人在考虑提级加薪方案时依次遵循以下原则：

（1）提级后月工资总额不超过 5.5 万元；

（2）每个等级的人数不超过定编人数；

（3）每级员工的升级面不少于现有人数的18%；

（4）4级不足编制人数可录用新员工.

表 4-2

级别	1	2	3	4
工资（万元）	0.8	0.6	0.4	0.3
现有员工数	10	20	40	30
编制员工数	10	22	52	30

根据相关资料，试为该公司负责人拟定一份合适的加薪方案.

5. 某机械厂生产 A 型和 B 型两种机械，平均生产能力为 1 件/h，工厂的正常生产能力为 80h/周，A 型机械的销售利润为 2500 元/件，B 型机械的销售利润为 1500 元/件. 若 A 型和 B 型两种机械在市场中每周的需求量分别为 70 件和 45 件，工厂负责人在考虑一周的生产计划时依次考虑以下几个原则：

（1）尽量避免生产开工不足；

（2）加班时间不超过 10h；

（3）尽可能达到市场需求的最大销售量；

（4）尽量减少加班时间.

试建立该问题的目标规划模型，并为该机械厂制定最优的一周生产计划方案.

6. 某企业用同一条生产线生产甲、乙两种产品，每周生产线运行时间为 60h，若生产一台甲产品需要 4h，生产一台乙产品需要 6h. 根据市场预测，甲、乙两种产品每周的平均销售量分别为 9 台和 8 台，它们的销售利润分别为 12 万元和 18 万元，企业负责人在制定生产计划时，需要考虑以下目标：

（1）产量不能超过市场预测的销售量；

（2）加班时间尽可能地少；

（3）希望达到利润最大；

（4）产品尽可能满足市场需求，若不能满足，市场认为乙产品的重要性为甲产品的 2 倍.

试建立该问题的目标规划模型，并为该企业给出一个合理的生产方案.

7. 某企业用同一生产线生产甲、乙、丙三种产品，三种产品装配时的工作消耗依次为 6h、8h 和 10h，在固定的时间内，生产线正常工作时间为 20h，三种产品销售后每件可分别获利 500 元、650 元和 800 元，预计销量依次为 12 台、10 台和 6 台，负责人在制定生产计划时，依次考虑：利润不少于每月 16000 元；充分利用生产能力；加班时间不超过 24 小时；产量以预计销量为标准．试建立该问题的相关模型．

8. 某无线电广播台在播出时间只能安排音乐、新闻和商业节目．依据法律规定，每天该台允许有 12 小时的播出时间，商业节目用以赢利，可收入 250 元/时，新闻节目需支出 40 元/时，音乐节目需支出费用为 17.50 元/时．在正常情况下商业节目只能占广播时间的 20%，每小时至少安排 5 分钟新闻节目．负责人在制定节目安排时，既要考虑满足法律规定要求又要使每天的纯收入最大．试建立该问题的目标规划模型．

9. 某童装厂拟生产甲型和乙型两种童装，若每件甲型和乙型童装可以分别获利 10 元和 8 元，每生产一件甲型和乙型童装分别需要 3h 和 2.5h，工厂的正常生产能力为 120h/周，若加班生产，每件甲型和乙型童装的利润就会降低，此时分别为 1.5 元和 1 元．工厂负责人希望在允许的工作和加班时间内取得最大的利润，试建立该问题的目标规划模型，并为该负责人制定满意的一周生产计划方案．

10. 光明台灯厂生产普通型和豪华型两种型号的台灯，装配一盏普通型和豪华型台灯的时间分别为 1h 和 2h，每周正常的装配时间限定为 40h，根据以往的销售情况，每周普通型销售不超过 30 盏，豪华型不超过 15 盏．每销售一盏普通型和豪华型的利润分别为 8 元和 12 元．厂长在制定生产计划时，依次考虑一下要求：

（1）总利润最大；

（2）尽可能少加班；

（3）每周生产的产品数不多于销售的数量．

试建立该问题的目标规划模型，并为该企业给出一个满意的生产方案．

案 例 分 析

案例 1：生产计划问题

一工厂生产两种产品 A 和 B，已知生产一件产品 A 需要耗费人力 3 工时，生产一件产品 B 需要耗费人力 4 工时．A，B 产品的单位利润分别为 300 元和 150 元．为了最大效率地利用人力资源，确定生产的首要任务是保证人员高负荷生产，要求每周总耗费人力资源不能低于 700 工时，但也不能超过 780 工时的极限；次要任务是要求每周的利润超过 80000 元；在完成前两个任务的前提下，为了保证库存需要，要求每周产品 A 和 B 的产量分别不低于 250 和 125 件，因为 B 产品比 A 产品更重要，不妨假设完成 125 件 B 产品的重要性是完成 250 件 A 产品重要性的 2 倍. 问: 工厂应如何拟定生产计划?

案例 2: 人员招聘问题

一家企业准备为其在甲、乙两地设立的分公司招聘从事 3 个专业的职员 200 名, 具体情况见表 4-3:

表 4-3

城市	专业	招聘人数	城市	专业	招聘人数
甲	技术	25	乙	技术	30
甲	销售	35	乙	销售	25
甲	会计	45	乙	会计	40

企业人力资源部门将应聘的审查合格人员共 210 人按适合从事专业、本人希望从事专业及本人希望工作的城市, 分成 6 个类别, 具体情况见表 4-4:

表 4-4

类别	人数	适合从事专业	本人希望从事专业	希望工作的城市
1	35	技术、销售	技术	甲
2	35	销售、会计	销售	甲
3	35	技术、会计	技术	乙
4	35	技术、会计	会计	乙
5	35	销售、会计	会计	甲
6	35	会计	会计	乙

企业确定具体录用与分配的优先级顺序为:

(1) 企业恰好录用到应招聘而又适合从事该专业工作的职员;

(2) 80%以上录用人员从事本人希望从事的专业;

(3) 80%以上录用人员去本人希望工作的城市工作.

试为该企业拟定一个招聘计划.

第 5 章　动态规划

本章学习目标

- 了解动态规划在实践中的应用
- 理解动态规划的基本思想
- 掌握动态规划的建模步骤
- 能够结合实际情况建立动态规划模型
- 掌握动态规划的逆序解法

5.1　动态规划的研究对象

5.1.1　多阶段决策问题简介

动态规划把多阶段决策问题作为研究对象，由美国数学家贝尔曼（R.E.Bellman）等人在 20 世纪 50 年代提出．

在生产和经营管理中，有一类活动的过程，由于它的特殊性，可划分为若干个互相联系的阶段（即将问题划分为若干个互相联系的子问题），在它的每一阶段都需要做出决策（选择），每一阶段的决策不仅影响本阶段的活动，还会影响下一阶段的活动及其决策．各阶段的决策构成一个决策序列，就是解决整个问题的方案，称为一个策略．由于在每一阶段，通常有多个方案可供选择，因此每一阶段能做出多个不同的决策，从而解决整个问题的策略也不唯一．不同策略解决问题的效果不同，那么，在诸多可供选择的策略中，选择哪一策略才能使问题得到最好解决？简言之，把一个问题划分成若干个相互联系的阶段选取其最优策略，这类问题即为多阶段决策问题．

多阶段决策问题最优化的目标是要使整个活动的总体效果最优，由于各阶段相互联系，本阶段决策影响下一阶段决策以致影响总体效果，所以决策者在每阶段决策中不应该仅考虑本阶段最优，还应考虑对全局的影响，从而做出对全局而言是最优的决策．

5.1.2　多阶段决策问题的典型实例

多阶段决策问题有很多类型，为了方便理解这类问题的特点，下面列举一些典型的例子．

例 5.1.1 投资问题

某公司现有资金八百万元，可以投资 A、B、C 三个项目。每个项目的投资效益与投入该项目的资金有关。A、B、C 三个项目的投资方案及投资后的预期收益如表 5-1 所示。问公司应如何确定对三个项目的投资额度，以使公司总收益最大。

表 5-1　投资与收益的关系（单位：百万）

投资（百万）　　工厂	项目 A	项目 B	项目 C
2	8	7	10
4	15	20	28
6	30	33	35
8	36	40	42

分析　该问题中，每个项目均有几种不同的投资方案，所以要对每个项目做出一个决策，共需决策三次，决策时必须遵循资金总额不超过 8 百万元的约束，若把每个项目视为一个阶段，则此问题是一个多阶段决策问题。

例 5.1.2　背包问题

有三种货物准备装到一辆卡车上，第 i（$i=1,2,3$）种货物每箱重量为 a_i 吨，其价值为 c_i，如表 5-2 所示。假定此车的载重量为 10 吨，现需确定三种货物各装几箱可使装载的总价值最大。

表 5-2

i	a_i	c_i
1	2	4
2	1	2
3	4	7

分析　该问题中，因为要对每一种货物确定装载的箱数，共需做出三次决策，决策时遵循货物的总重量不超过 10 吨的约束，若把每一种货物看成一个阶段，则该问题为多阶段决策问题。

例 5.1.3　机器负荷分配问题

设某种机器可以在高、低两种负荷下生产。在高负荷下生产时，每台机器的年产量为 8 吨，机器的完好率为 0.7；在低负荷下生产时，每台机器的年产量为 5 吨，机器的完好率为 0.9。假定开始生产时完好的机器数量为 100。要求制定一个连续五年的分配计划，使五年内的总产量最高。

分析　每年年初都要做出决策，这是一个五阶段决策问题。

例 5.1.4　最短路线问题

图 5-1 为一线路网络，现在要铺设从地点 A 到地点 E 的铁路，中间需经过 3 个点，第一个点可以是 B_1，B_2，B_3 中的某个点，第 2 个点可以是 C_1，C_2，C_3 中的一个点，等等．连线上的数字表示两点间的距离．要求选择一条 A 至 E 的最短路线．

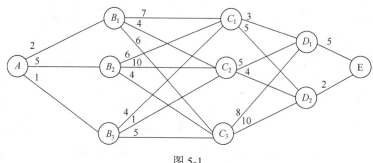

图 5-1

分析 此问题中，从 A 到 B_1，B_2，B_3 中的哪一点需要做出决策，从 B_1，B_2，B_3 中的某点到 C_1，C_2，C_3 中的哪一点也要做出决策，依此类推，从 A 到 E 共需做出四次决策．因此可以把整个路线分成四个阶段，此问题亦为多阶段决策问题．

5.2 动态规划的基本概念与基本原理

5.2.1 动态规划的基本概念

运用动态规划方法求解多阶段决策问题，首先要将问题写成动态规划模型，再进行求解．下面介绍动态规划模型中用到的概念．

1. 阶段

用动态规划方法解决问题，首先必须根据实际问题所处的时间、空间或其他条件，把所研究的问题恰当地划分为若干个相互联系的阶段，以便能按一定的次序去求解．描述阶段的变量称为阶段变量，常用 k 表示．如：例 5.1.4 可分为 4 个阶段来求解，k 分别等于 1、2、3、4.

2. 状态

状态就是阶段的初始条件．在例 5.1.4 中，状态就是某阶段的出发位置．它既是该阶段某支路的起点，又是前一阶段某支路的终点．

常用 s_k 表示第 k 阶段的状态变量．如在例 5.1.4 中第三阶段有三个状态，则状态变量 s_k 可取三个值，即 C_1，C_2，C_3.

第 k 阶段所有状态构成的集合，称为第 k 段状态集，记为 S_k，$S_k = \{s_k\}$．如在例 5.1.4 中，$S_3 = \{C_1, C_2, C_3\}$．

3. 决策

当过程处于某一阶段的某个状态时，可以作出不同的决定（或选择），从而确定下一阶段的状态，这种决定称为决策. 常用 $x_k(s_k)$ 表示第 k 阶段当状态处于 s_k 时的决策变量，它是状态变量的函数. 在实际问题中，决策变量的取值往往限制在某一范围之内，此范围称为允许决策集合. 常用 $X_k(s_k)$ 表示第 k 阶段当状态处于 s_k 时的允许决策集合，显然有 $x_k(s_k) \in X_k(s_k)$.

如在例 5.1.4 第二阶段中，若从 B_1 出发，就可做出三种不同的决策，$x_2(B_1) = C_1$、C_2 或 C_3，其允许决策集合 $X_2(B_1) = \{C_1, C_2, C_3\}$.

4. 状态转移方程

在确定性过程中，一旦某阶段的状态和决策确定，下阶段的状态便完全确定. 用状态转移方程（equation of state transition）表示这种演变规律，记为

$$s_{k+1} = T_k(s_k, x_k), \quad k = 1, 2, \cdots, n.$$

在例 5.1.4 中状态转移方程为 $s_{k+1} = x_k(s_k)$.

5. 策略

各阶段决策确定后，整个问题的决策序列就构成一个全过程策略，简称策略，记为 $p_1(s_1)$. 即

$$p_1(s_1) = \{x_1(s_1), x_2(s_2)...x_n(s_n)\},$$

简记为 $p_1 = \{x_1, x_2..., x_n\}$.

由第 k 阶段到最终阶段内各段决策所构成的决策序列称为第 k 子过程策略，记作 $p_k(s_k)$，即 $p_k(s_k) = \{x_k(s_k), \cdots, x_n(s_n)\}$，$k = 1, 2, \cdots, n-1$，或简记为 $p_k = \{x_k, \cdots, x_n\}$. 可供选择的策略有一定的范围，称为允许策略集合，用 $P_k(s_k)$ 表示第 k 子过程上相应于状态 s_k 的允许策略集合. 例 5.1.4 中，$P_1(A)$ 包含 18 条可能的路线.

6. 指标函数和最优值函数

用于衡量策略或决策效果的某种数量指标称为指标函数. 对应不同问题，数量指标可以是距离、利润、成本、产量和资源消耗等. 它分为阶段指标函数和过程指标函数两种.

把衡量某一阶段决策效果的数量指标称为阶段指标函数，用 $v_k(s_k, x_k)$ 表示第 k 阶段处于状态 s_k 且所做决策为 x_k 时的指标. 例 5.1.4 中的 v_k 值就是从某点到下一点的距离. 如 $v_2(B_2, C_3) = 4$.

把衡量策略效果的数量指标称为过程指标函数，用 $f_k(s_k, x_k)$ 表示第 k 子过程的指标函数. $f_k(s_k, x_k)$ 与第 k 子过程上各阶段指标函数 $v_k(s_k, x_k)$ 有关，根据问题的不同，$f_k(s_k, x_k)$ 可以是各 $v_k(s_k, x_k)$ 之和、积或其他函数形式.

7. 最优解

用 $f_k^*(s_k)$ 表示第 k 子过程指标函数 $f_k(s_k, x_k)$ 在状态 s_k 下的最优值，即 $f_k^*(s_k)$ $= \underset{p_k \in P_k(s_k)}{opt} \{f_k(s_k, p_k(s_k))\}$，$(k = 1, 2, ..., n)$，其中 "$opt$" 是最优化（optimization）的

缩写，可根据题意取 min 或 max. 称 $f_k^*(s_k)$ 为第 k 子过程上的最优指标函数. 与它相应的子策略称为 s_k 状态下的最优子策略，记为 $p_k^*(s_k)$，而构成该子策略的各段决策称为该过程上的最优决策，记为 $x_k^*(s_k)$，$x_{k+1}^*(s_{k+1})$,..., $x_n^*(s_n)$. 有 $p_k^*(s_k) = \{ x_k^*(s_k)$，$x_{k+1}^*(s_{k+1})$,..., $x_n^*(s_n) \}$，简记为 $p_k^* = \{ x_k^*$，x_{k+1}^*,..., $x_n^* \}$，（k=1,2,...,n）.

当 k=1 且 s_1 取值唯一时，$f_1^*(s_1)$ 就是问题的最优值，$p_1^*(s_1)$ 就是最优策略.

但若 s_1 取值不唯一，则问题的最优值为 $f_1^* = \underset{s_1 \in S_1}{opt}\{f_1^*(s_1)\} = f_1^*(s_1 = s_1^*)$，最优策略为 $s_1 = s_1^*$ 状态下的最优策略 $p_1^*(s_1 = s_1^*) = \{ x_1^*(s_1^*)$，$x_2^*$,..., $x_n^* \}$.

5.2.2 动态规划的最优化原理

下面结合例 5.1.4 的最短路线问题阐述动态规划的基本思想与基本原理.

最短路线问题具有这样的特性：如果 Q 点到 T 点的最短路线为：

$$Q = S_1 \to S_2 \to ...S_k \to S_{k+1} \to ...S_n = T$$

那么这条线路上的任一点 S_k 到 T 点的最短路线必然包含在上述 Q 点到 T 点的最短路线中，即为 $S_k \to S_{k+1} \to ...S_n = T$. 用反证法容易证明这一点.

由于 s_{k+1} 点即第 k 段的最优决策，因此上述特性可以这样描述：若解决最短路线问题的最优策略为 $\{s_1, s_2,...,s_k, s_{k+1},...,s_n\}$，则从其中任一决策 s_k（k=1,2,...,n-1）开始，后面各段的决策序列 $\{s_{k+1},...,s_n\}$ 必然构成第 k 段到第 n 段这一过程上的最优策略.

上述特性可以推广到一切多阶段决策问题，这就是动态规划的最优化原理，描述如下：作为整个过程的最优策略具有这样的性质，无论过去的状态和决策如何，相对于前面的决策所形成的状态而言，余下的决策序列必然构成最优策略.

也就是说，若解决某一问题的全过程最优策略为：

$$p_1^* = \{x_1^*(s_1), x_2^*(s_2),...,x_k^*(s_k),...x_n^*(s_n)\}$$

则对上述策略中的任一状态 s_k（k=1,2...n）而言，第 k 子过程上对应于该状态 s_k 的最优子策略必然包含在上述全过程最优策略 p_1^* 中，即为

$$p_k^*(s_k) = \{x_k^*(s_k),...x_n^*(s_n)\}$$

这一原理是动态规划方法的核心，利用这个原理，可以把多阶段决策问题求解过程表示成一个连续的递推过程，由后向前逐步计算，从而形成了逆序递推法. 该法的关键在于给出一种递推关系，一般把这种递推关系称为动态规划的函数基本方程.

动态规划的函数基本方程：

$$
\begin{cases}
f_{n+1}^{*}(s_{n+1}) = 0 \text{或} 1 \\
f_k(x_k) = \underset{x_k \in X_k}{opt} \{ v_k(s_k, x_k) \otimes f_{k+1}(s_{k+1}) \}, k = n, \cdots, 1
\end{cases}
$$

在上述方程中，当 $\otimes$ 为加法时取 $f_{n+1}(x_{n+1}) = 0$；当 $\otimes$ 为乘法时，取 $f_{n+1}(x_{k+1}) = 1$. 动态规划的函数基本方程是动态规划最优性原理的基础，即：最优策略的子策略，构成最优子策略.

5.3 动态规划的模型及求解方法

5.3.1 动态规划模型的建立

如果一个问题能用动态规划方法求解，那么我们可以按下列步骤，首先建立起动态规划的数学模型：

（1）将过程划分成恰当的阶段.

（2）正确选择状态变量 s_k，一般地，状态变量的选择是从过程演变的特点中寻找，同时确定第 k 段状态集 S_k.

（3）确定决策变量 x_k 和允许决策集合 $X_k(s_k)$. 在每一阶段我们肯定要做出决策，通常选择所求解问题的关键变量作为决策变量，同时给出决策变量的取值范围，即确定允许决策集合.

（4）写出状态转移方程.

（5）写出阶段指标函数 $v_k(s_k, x_k)$ 和过程指标函数 $f_k(s_k)$.

（6）写出函数基本方程.

5.3.2 动态规划的求解

针对多阶段决策问题的基本特征，Bellman 提出了求解动态规划的两种基本方法：逆序递推法和顺序递推法.

逆序递推法的基本思想是：从最终阶段开始，逆着实际过程的进展方向逐段求解，在每段求解中都要利用刚求解完那段的结果，如此连续递推，直到初始阶段求出结果为止.

下面通过求解例 5.1.4，阐明逆序递推法的基本思路.

第四阶段，由点 D_1 到终点 E 只有一条路线，其长度 $f_4(D_1)=5$，同理 $f_4(D_2)=2$.

第三阶段，如果从点 C_1 出发，则从点 C_1 到终点 E 的路线有两条：$C_1 \rightarrow D_1 \rightarrow E$ 和 $C_1 \rightarrow D_2 \rightarrow E$. 从这两条路线中选取距离最短的一条，即

$$
f_3(C_1) = \min \begin{cases} v_3(C_1, D_1) + f_4(D_1) \\ v_3(C_1, D_2) + f_4(D_2) \end{cases} = \min \begin{cases} 3+5 \\ 5+2 \end{cases} = \min \begin{cases} 8 \\ 7 \end{cases} = 7
$$

因此从点 C_1 到终点 E 的最优路线为 $C_1 \rightarrow D_2 \rightarrow E$，最短距离为 7.

如果从点 C_2 出发，则最优决策为

$$f_3(C_2) = \min \begin{cases} v_3(C_2,D_1)+f_4(D_1) \\ v_3(C_2,D_2)+f_4(D_2) \end{cases} = \min \begin{cases} 5+5 \\ 4+2 \end{cases} = \min \begin{cases} 10 \\ 6 \end{cases} = 6$$

从点 C_2 到终点 E 的最优路线为 $C_2 \to D_2 \to E$，最短距离为 6.

如果从点 C_3 出发，则最优决策为

$$f_3(C_3) = \min \begin{cases} v_3(C_3,D_1)+f_4(D_1) \\ v_3(C_3,D_2)+f_4(D_2) \end{cases} = \min \begin{cases} 8+5 \\ 10+2 \end{cases} = \min \begin{cases} 13 \\ 12 \end{cases} = 12$$

从点 C_3 到终点 E 的最优路线为 $C_3 \to D_2 \to E$，最短距离为 12.

第二阶段，从点 B_1 到终点 E 的最优决策为

$$f_2(B_1) = \min \begin{cases} v_2(B_1,C_1)+f_3(C_1) \\ v_2(B_1,C_2)+f_3(C_2) \\ v_2(B_1,C_3)+f_3(C_3) \end{cases} = \min \begin{cases} 7+7 \\ 4+6 \\ 6+12 \end{cases} = \min \begin{cases} 14 \\ 10 \\ 18 \end{cases} = 10$$

即从点 B_1 到终点 E 的最短路线为 $B_1 \to C_2 \to D_2 \to E$，最短距离为 10.

从点 B_2 到终点 E 的最优决策为

$$f_2(B_2) = \min \begin{cases} v_2(B_2,C_1)+f_3(C_1) \\ v_2(B_2,C_2)+f_3(C_2) \\ v_2(B_2,C_3)+f_3(C_3) \end{cases} = \min \begin{cases} 6+7 \\ 10+6 \\ 4+12 \end{cases} = \min \begin{cases} 13 \\ 16 \\ 16 \end{cases} = 13$$

即从点 B_2 到终点 E 的最短路线为 $B_2 \to C_1 \to D_2 \to E$，最短距离为 13.

从点 B_3 到终点 E 的最优决策为

$$f_2(B_3) = \min \begin{cases} v_2(B_3,C_1)+f_3(C_1) \\ v_2(B_3,C_2)+f_3(C_2) \\ v_2(B_3,C_3)+f_3(C_3) \end{cases} = \min \begin{cases} 4+7 \\ 1+6 \\ 5+12 \end{cases} = \min \begin{cases} 11 \\ 7 \\ 17 \end{cases} = 7$$

即从点 B_3 到终点 E 的最短路线为 $B_3 \to C_2 \to D_2 \to E$，最短距离为 7.

第一阶段，从始点 A 到终点 E 的最优决策为

$$f_1(A) = \min \begin{cases} v_1(A,B_1)+f_2(B_1) \\ v_1(A,B_2)+f_2(B_2) \\ v_1(A,B_3)+f_2(B_3) \end{cases} = \min \begin{cases} 2+10 \\ 5+13 \\ 1+7 \end{cases} = \min \begin{cases} 12 \\ 18 \\ 8 \end{cases} = 8$$

即从始点 A 到终点 E 的最短路线为 $A \to B_3 \to C_2 \to D_2 \to E$，最短距离为 8.

5.4 动态规划应用举例

动态规划应用十分广泛，本节通过几个具体实例展示它在管理领域的应用，并进一步阐述动态规划方法.

需要说明的是，与线性规划相比，动态规划没有一个标准的数学模型与算法，从这个意义上来说，动态规划是一种分析问题、思考问题的途径，是一种求解思路，注重决策过程，而不是一种算法，不同的问题得到的模型也不一样，学习动

态规划就是要掌握它的这种原理和思路，分析问题的条件，针对不同的问题建立相应的数学模型，设计具体的求解方法.

5.4.1 资源分配问题

例 5.4.1 某公司拟将 3 台设备分配给下属的 A，B，C 三个分公司使用. 每个分公司分得不同台数的设备后，每年预计创造的利润（万元）见表 5-3. 问该公司应如何分配这 3 台设备，才能使每年预计创造的利润总额最大？

解 （1）建立动态规划的数学模型.

以 $k=1,2,3$ 表示给 A，B，C 三个分公司分配的顺序.

设 s_k 表示在给第 k 个分公司分配时尚未分配出去的设备台数.

表 5-3

设备台数＼分公司	A	B	C
0	0	0	0
1	4	5	4
2	7	10	6
3	9	11	11

x_k 表示分配给第 k 个分公司的设备台数.

状态转移方程为：$s_{k+1}=s_k-x_k$.

$v_k(s_k,x_k)$ 表示现有 s_k 台设备中将 x_k 台设备分配给第 k 个分公司后预计创造的利润.

$f_k(s_k,x_k)$ 表示将现有 s_k 台设备从 k 到 3 分公司分配后预计创造的利润.

函数基本方程为

$$\begin{cases} f_4^*(s_4)=0 \\ f_k^*(s_k)=\max_{x_k \in X_k}\{v_k(s_k,x_k)+f_{k+1}^*(s_{k+1})\}, \quad (k=3,2,1) \end{cases}$$

（2）按逆序递推法逐段求解.

1）$k=3$.

第三阶段表示已给 A，B 子公司分配完毕后再给 C 子公司分配，s_3 表示能分给 C 分公司的设备台数，$s_3=0,1,2,3$，$0 \leqslant x_3 \leqslant s_3$.

$$f_3^*(s_3)=\max_{x_3 \in X_3}\{v_3(s_3,x_3)\}$$

计算过程见表 5-4.

表 5-4

s_3 \ x_3	$v_3(s_3,x_3)$				$f_3^*(s_3)$	x_3^*
	0	1	2	3		
0	0				0	0
1	0	4			4	1
2	0	4	6		6	2
3	0	4	6	11	11	3

表中 x_3^* 表示使 $f_3(s_3)$ 为最大时的最优决策.

2）$k=2$.

$s_2 = 0,1,2,3$, $0 \leqslant x_2 \leqslant s_2$, $f_2^*(s_2) = \max\limits_{x_2 \in X_2}\{v_2(s_2,x_2) + f_3^*(s_3)\}$.

计算过程见表 5-5.

表 5-5

s_2 \ x_2	$v_2(s_2,x_2) + f_3^*(s_3)$				$f_2^*(s_2)$	x_2^*
	0	1	2	3		
0	0				0	0
1	0+4	5+0			5	1
2	0+6	5+4	10+0		10	2
3	0+11	5+6	10+4	11+0	14	2

3）$k=1$.

$s_1 = 3$, $0 \leqslant x_1 \leqslant s_1$, $f_1^*(s_1) = \max\limits_{x_1 \in X_1}\{v_1(s_1,x_1) + f_2^*(s_2)\}$.

计算过程见表 5-6.

表 5-6

s_1 \ x_1	$v_1(s_1,x_1) + f_2^*(s_2)$				$f_1(s_1)$	x_1^*
	0	1	2	3		
3	0+14	4+10	7+5	9+0	14	0,1

（3）顺序递推，得出结论.

按 $k=1,2,3$ 的顺序，依次查看各表的 s_k 列与 x_k^* 列，并按照 $s_{k+1} = s_k - x_k^*$ 的状态转移规律、计算表格的顺序反推算，可知最优分配方案有两个：

1）由 $x_1^* = 0$，根据 $s_2 = s_1 - x_1^* = 3 - 0 = 3$，查表 5-5 知 $x_2^* = 2$，由

$s_3 = s_2 - x_2^* = 3 - 2 = 1$，故 $x_3^* = 1$．即 A 分公司不分配设备，B 分公司分配 2 台，C 分公司分配 1 台．

2）由 $x_1^* = 1$，根据 $s_2 = s_1 - x_1^* = 3 - 1 = 2$，查表 5-5 知 $x_2^* = 2$，由 $s_3 = s_2 - x_2^* = 2 - 2 = 0$，故 $x_3^* = 0$．即 A 分公司分配 1 台，B 分公司分配 2 台，C 分公司不分配设备．

以上两个分配方案均能使每年预计创造的利润总额最大，为 14 万元．

5.4.2 机器负荷分配问题

例 5.4.2 设有 1000 台同一规格的完好机器，每台机器全年在高负荷下运行可创利 1 万元，机器的完好率为 0.75；在低负荷下运行可创利 8 千元，机器的完好率为 0.9．试拟定一个连续 5 年的分配计划，使总利润最大．

解 （1）建立动态规划的数学模型如下：

阶段 k 表示运行年份（$k=1,2,\ldots,5$）．

状态变量 s_k 表示第 k 年年初完好的机器数（$k=1,2,\ldots,5$），也是第 $k-1$ 年年末完好的机器数，$s_1 = 1000$．

决策变量 x_k 表示第 k 年年初投入高负荷运行的机器数．

允许决策集合为 $X_k(s_k) = \{x_k \,|\, 0 \leqslant x_k \leqslant s_k\}$．

状态转移方程为 $s_{k+1} = 0.75x_k + 0.9(s_k - x_k) = 0.9s_k - 0.15x_k$．

阶段指标函数为 $v_k(s_k, x_k) = 10x_k + 8(s_k - x_k) = 8s_k + 2x_k$．

终端条件：$f_6(s_6) = 0$．

函数基本方程

$$\begin{cases} f_6^*(s_6) = 0 \\ f_k^*(s_k) = \max_{0 \leqslant x_k \leqslant s_k} \{2x_k + 8s_k + f_{k+1}^*(0.9s_k - 0.15x_k)\}, \quad (k = 5, 4, \ldots, 1) \end{cases}$$

（2）逆序递推过程如下：

1）$k=5$．

$$f_5^*(s_5) = \max_{0 \leqslant x_5 \leqslant s_5} \{2x_5 + 8s_5 + f_6^*(s_6)\} = \max_{0 \leqslant x_5 \leqslant s_5} \{2x_5 + 8s_5\}$$

由于 $2x_5 + 8s_5$ 为关于 x_5 的线性单调递增函数，故有

$$x_5^* = s_5, \quad f_5^*(s_5) = 10s_5．$$

2）$k=4$．

由于 $f_4^*(s_4) = \max\limits_{0 \leqslant x_4 \leqslant s_4} \{2x_4 + 8s_4 + f_5^*(s_5)\} = \max\limits_{0 \leqslant x_4 \leqslant s_4} \{0.5x_4 + 17s_4\}$

故有 $x_4^* = s_4, \quad f_4^*(s_4) = 17.5s_4$．

3）$k=3$．

由于

$$f_3^*(s_3) = \max_{0 \le x_3 \le s_3} \{2x_3 + 8s_3 + f_4^*(s_4)\} = \max_{0 \le x_3 \le s_3} \{-0.625x_3 + 23.75s_3\}$$

故有 $x_3^* = 0, f_3^*(s_3) = 23.75s_3$.

4）$k=2$.

$$f_2^*(s_2) = \max_{0 \le x_2 \le s_2} \{2x_2 + 8s_2 + f_3^*(s_3)\} = \max_{0 \le x_2 \le s_2} \{-1.5625x_2 + 29.375s_2\}$$

故有 $x_2^* = 0, f_2^*(s_2) = 29.375s_2$.

5）$k=1$.

$$f_1^*(s_1) = \max_{0 \le x_1 \le s_1} \{2x_1 + 8s_1 + f_2^*(s_2)\} = \max_{0 \le x_1 \le s_1} \{-2.406x_1 + 34.4375s_1\}$$

$x_1^* = 0, f_1^*(s_1) = 34.4375s_1$.

因 $s_1 = 1000$, 故 $f_1^*(s_1) = 34437.5$（千元）.

最优策略为 $x_1^* = x_2^* = x_3^* = 0, x_4^* = s_4, x_5^* = s_5$.

这样分配能使这 5 年的总利润最大, 最大值为 34437.5 千元.

即机器的最优分配策略为：第 1 年至第 3 年将机器全部用于低负荷运行, 第 4 年和第 5 年将机器全部用于高负荷运行.

为求出 5 年内每年投入高、低负荷下运行的完好机器数以及每年年初的完好机器数, 可按状态转移方程顺序递推, 结果如下：

$$s_1 = 1000$$

$x_1^* = 0,$	$s_2 = 0.75x_1 + 0.9(s_1 - x_1) = 900,$
$x_2^* = 0,$	$s_3 = 0.75x_2 + 0.9(s_2 - x_2) = 810,$
$x_3^* = 0,$	$s_4 = 0.75x_3 + 0.9(s_3 - x_3) = 729,$
$x_4^* = s_4 = 729,$	$s_5 = 0.75x_4 + 0.9(s_4 - x_4) = 546.75,$
$x_5^* = s_5 = 546.75,$	$s_6 = 0.75x_5 + 0.9(s_5 - x_5) = 410.$

习题 5

1. 试用逆序递推法计算图 5-2 中起点到终点的最短路线及长度.

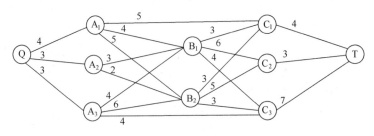

图 5-2

2. 某跨国公司打算在 3 个不同的国家设置 4 个销售中心,根据市场部门估计,在不同国家设置不同数量的销售中心每月可得到的利润如表 5-7 所示.试问在各国如何设置销售中心可使每月总利润最大?

表 5-7

国家	销售中心				
	0	1	2	3	4
1	0	15	24	31	32
2	0	12	17	21	22
3	0	10	14	16	17

3. 某公司有资金 4 百万元,可向 A,B,C 三个项目投资,已知各项目不同投资的相关效益值如表 5-8 所示,问:如何分配资金可使总效益最大?

表 5-8

项目	投资的相应效益值				
	0	1 百万	2 百万	3 百万	4 百万
A	0	41	48	60	60
B	0	42	50	60	66
C	0	64	68	78	76

4. 某厂有 100 台同样的机器,4 年后将被淘汰.该种机器可用于两种不同的工作,用于第一种工作时,每台机器的年收益为 9 万元,但机器的报废率高,每年将有 1/3 的机器报废;用于第二种工作时,每台机器的年收益为 5 万元,每年的机器报废率为 1/5.问应怎样安排工作任务,才能使机器在 3 年中获得最大的收益?

5. 设某机器可在高、低两种负荷下生产.若机器在高负荷下生产,产品的年产量 a 和投入生产的机器数量 x 的关系为 $a=8x$,机器的年折损率为 0.3;若机器在低负荷下生产,产品年产量 b 和投入生产的机器数量 x 的关系为 $b=5x$,机器的年折损率为 0.1.设开始时有 1000 台完好机器,要求制定一个 4 年计划,每年年初分配完好机器在不同负荷下工作,使 4 年总产量达到最大.

6. 某企业有 1000 单位的资源,拟分 4 个周期使用,在每个周期有生产任务 A 和 B.把资源用于生产任务 A,每单位能获利 100 元,资源回收率为 3/4.把资源用于生产任务 B,每单位能获利 70 元,资源回收率为 9/10.问每个周期应如何分配资源,才能使总收益达到最大?

7. 一个旅行者携带背包去旅行,有 3 种物品可供选择携带,装物品的背包容量有限,总重量不能超过 20 千克.物品的单件重量及价值如表 5-9 所示,试问旅行者如何选择物品可使包内物品的总价值最大?只建立动态规划的数学模型,不求解.

表 5-9

项目	物品 A	物品 B	物品 C
单件重量/千克	6	5	5
单件价值/元	5	4	3

案例分析

案例1：保安巡逻问题

某保安部门有 12 支保安队伍负责 4 个小区的巡逻。按规定，对每个小区可分别派 2-4 支队伍巡逻。由于所派队伍数量上的差异，各小区一年内预期发生事故的次数如表 5-10 所示．请应用动态规划方法确定派往各小区的保安队数，使预期事故的总次数最少．

表 5-10

保安队数 \ 小区	1	2	3	4
2	17	37	13	33
3	15	35	12	30
4	11	29	10	24

案例2：汽车选购问题

李华刚参加工作不久，对 SJK—4 型汽车情有独钟，准备买一辆使用了三年的 SJK—4 型二手车，价格为 7 万元．一年后可以继续使用该车，也可以卖掉购买新车．通过市场调查和预测，得到相关信息如下：

（1）该车第一年年初的价格为 10 万元，以后逐年降价，第二年到第五年的降价幅度分别为 4%、4%、6%、7%．第 t 年的价格为 P_t，$t=1,2…$．

（2）购新车必须支付 10% 的各项税费．

（3）该车第 t 年的维护费用 W_t 是使用年限 t 的函数，$W_t=0.8t$．

（4）汽车年折旧率为 15%．

请为李华制定一个五年的购车方案，使五年的总成本最低．

第 6 章　图与网络分析

本章学习目标

- 理解图及其相关的概念（图的基本概念与模型）
- 掌握最小树、最短路、最大流问题的特点
- 熟练掌握上述问题的求解方法与思路
- 培养根据实际问题抽象出适当的图论模型并加以解决的能力

6.1　图的基本概念

图论是运筹学中最早形成的一个分支，迄今已有二百多年的历史，它是建立和处理离散数学模型的一个重要工具．现实中很多问题都可以用图形的方式形象直观地描述和分析．为了反映事物之间的关系，人们常常用点和线来画出各种各样的示意图.

例 6.1.1　图 6-1 所示是我国北京、上海、广州、济南四个城市之间的民用航空线路图．这里用点表示城市，用点与点之间的线表示城市之间的航线.

例 6.1.2　篮球比赛，五支球队进行循环赛，用点 A、B、C、D、E 表示这 5 支球队，已知 A 队战胜了 D、E 队，B 队战胜了 A、E、D 队等等，它们之间的比赛情况可以用图 6-2 所示的有向图反映出来.

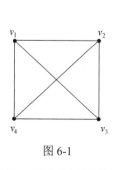

图 6-1

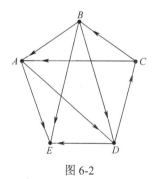

图 6-2

由此可见，图论中的图是由点和连接这些点的线组成的．我们把点与点之间不带箭头的线称为**边**，带箭头的线称为**弧**.

如果一个图是由点和边所构成，则称之为**无向图**，记作 $G=(V,E)$，其中：

（1）V 是一个非空的集合，其元素称为图 G 的顶点，V 称为 G 的顶点集，记为 $V=\{v_1,v_2,...,v_n\}$.

（2）E 是由 V 中点与点之间的连线构成的集合，其元素称为 G 的边，表示为 $e=(v_i,v_j)$ 或 $e=(v_j,v_i)$，E 称为 G 的边集，记为 $E=\{e_1,e_2,...,e_m\}$.

如果一个图是由点和弧所构成的，则称之为**有向图**，记作 $D=(V,A)$，其中 V 表示有向图 D 的顶点集，A 表示有向图 D 的弧集. 一条方向从 v_i 指向 v_j 的弧记作 $a=(v_i,v_j)$.

图 6-3 是无向图，记为 $G=(V,E)$

其中 $$V=\{v_1,v_2,v_3,v_4\},E=\{e_1,e_2,e_3,e_4,e_5,e_6\}.$$
$$e_1=(v_1,v_2),e_2=(v_1,v_3),e_3=(v_1,v_3),e_4=(v_2,v_4),$$
$$e_5=(v_3,v_4),e_6=(v_4,v_4).$$

图 6-4 是一个有向图，记为 $D=(V,A)$

其中 $$V=\{v_1,v_2,v_3,v_4,v_5\},A=\{a_1,a_2,a_3,a_4,a_5,a_6,a_7,a_8\}.$$
$$a_1=(v_2,v_1),a_2=(v_1,v_4),a_3=(v_3,v_1),a_4=(v_2,v_3),a_5=(v_3,v_4),$$
$$a_6=(v_4,v_3),a_7=(v_4,v_5),a_8=(v_3,v_5).$$

下面介绍一些常用的术语.

如果 $(v_i,v_j)\in E$，那么称 v_i、v_j 是边的**端点**，或者 v_i、v_j 是**相邻**的. 如果一个图 G 中一条边的两个端点是相同的，则称这条边为**环**，如图 6-3 中的边 e_6 为环. 如果两个端点之间有两条以上的边，则称它们为**多重边**，如图 6-3 中的边 e_2、e_3 为多重边. 一个无环、无多重边的图称之为**简单图**.

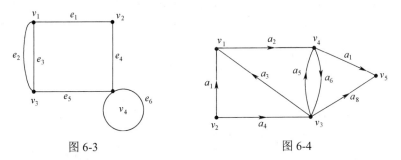

图 6-3   图 6-4

以点 v 为端点的边的条数称为点 v 的**次**，记作 $d(v)$. 如图 6-3 中，$d(v_4)=4$，$d(v_1)=3$. 次为零的点称为**孤立点**，次为 1 的点称为**悬挂点**. 次为奇数的点称为**奇点**，次为偶数的点称为**偶点**.

在一个图 $G=(V,E)$ 中，一个点和边的交错序列 $(v_{i_1},e_{j_1},v_{i_2},e_{j_2}...v_{i_{k-1}},e_{j_{k-1}},v_{i_k})$，称为连接 v_{i_1} 和 v_{i_k} 的一条**链**，其中 $e_{j_t}=(v_{i_t},v_{i_{t+1}})$，$t=1,2,...,k-1$，记作 $\mu=v_{i_1}v_{i_2}...v_{i_k}$. 在链 μ 中，若除 $v_{i_1}=v_{i_k}$ 外，任意两点均不相同，则称 μ 为一个**圈**. 例如在图 6-3 中，$\mu_1=v_1v_3v_4v_2$ 是一条链，$\mu_2=v_1v_3v_4v_2v_1$ 是一个圈.

如果在图 G 中的任意两个点之间至少存在一条链，那么称图 G 为**连通图**，否则称为不连通图．例如，图 6-1 到图 6-4 都是连通图，图 6-5 是不连通图．给定一个图 $G=(V,E)$，如果图 $G'=(V',E')$ 满足 $V'=V,E'\subseteq E$，那么称图 G' 是图 G 的一个**支撑子图**．

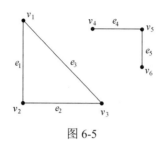

图 6-5

例如，图 6-6 中，图（a）、（b）、（c）都是图（a）的支撑子图，而（d）不是，因为少了点 v_3．

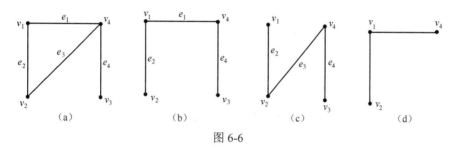

图 6-6

下面介绍有向图的一些概念．

在有向图 $D=(V,A)$ 中，在 D 中去掉所有弧的箭头所得到的无向图，称为 D 的**基础图**，记为 $G(D)$．

设 $(v_{i_1},a_{j_1},v_{i_2},a_{j_2}...v_{i_{k-1}},a_{j_{k-1}},v_{i_k})$ 是有向图 $D=(V,A)$ 中的一个点弧交错序列，如果它在 D 的基础图中对应的点边序列是一条链，那么称这个点弧序列是有向图 D 的一条链．

如果 $(v_{i_1},a_{j_1},v_{i_2},a_{j_2}...v_{i_{k-1}},a_{j_{k-1}},v_{i_k})$ 是有向图 D 的一条链，且链上各弧的箭头方向全部与链的方向一致，即对 $t=1,2,...k$，均有 $a_{j_t}=(v_{i_t},v_{i_{t+1}})$，那么称它是从 v_{i_1} 到 v_{i_k} 的一条**路**；若路的第一个顶点和最后一个顶点相同，即 $v_{i_1}=v_{i_k}$，其他顶点皆不相同，则称之为**回路**．

例如，图 6-4 中，$\mu_1=v_1v_4v_3v_5$ 是从 v_1 到 v_5 的一条路，$\mu_2=v_3v_1v_4v_3$ 是一个回路，$\mu_3=v_1v_2v_3v_5$ 是从 v_1 到 v_5 的一条链，但不是路．

若给一个图 $G=(V,E)$ 的每一条边 (v_i,v_j) 都赋予唯一实数 w_{ij}，称为边 (v_i,v_j) 的权数，则称这样的图为**赋权图**（赋权无向图）．

在有向图 $D=(V,A)$ 中，每一条弧（v_i,v_j）加上权数，此时有向图为**赋权图**（赋权有向图）.

通常把这种赋权图称为**网络**. 赋权无向图称为**无向网络**，赋权有向图称为**有向网络**.

实际问题中，权数用来表达一定的实际含义. 例如，图 6-7 所示的网络表示某地六个村之间的现有交通道路，边旁数字为各村之间道路的长度.

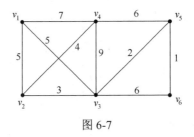

图 6-7

所谓**网络分析**，概括地说，即对网络进行定性和定量分析，以便为实现某种优化目标而寻求最优方案.

网络分析主要研究的典型问题有：最小树问题、最短路问题、最大流问题、最小费用最大流问题、旅行售货员问题、中国邮递员问题等等. 本章主要介绍最小树问题、最短路问题、最大流问题.

6.2 最小树问题

最小树问题是赋权图上的最优化问题之一. 在实际生活中，我们经常会碰到这样一些问题，例如如何架设通讯网络使需要通话的点连接起来；如何修筑渠道将水源和若干待灌溉土地连通起来使资源消耗最低；在资源有限的情况下，如何修筑一些公路把若干个城市连接起来等等. 这些问题都可以转化为求网络的最小树问题.

6.2.1 最小树的定义

1. 树

一个连通无圈的简单图称为树，记为 T. 图 6-8 中的图都是树.

如果再多一条边就不是树了，因为出现了圈.

树是图论中的一个重要概念，利用树图可以很简单地解决线路网设计等问题. 电网要连通村村户户，网线就是一棵树. 一个家族的家谱，一个单位的组织结构，一个城镇的电话线路等都可以用树表示.

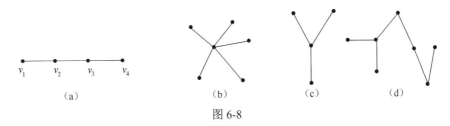

（a）   （b）   （c）   （d）

图 6-8

2. 图的支撑树

若图 G 的一个支撑子图 T 是树，则称 T 为图 G 的一棵支撑树. 图 6-9 中，T_1、T_2、T_3 是图 G 的支撑树.

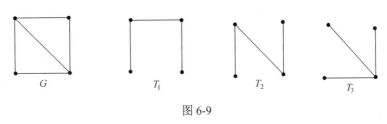

G T_1 T_2 T_3

图 6-9

3. 网络最小支撑树

设 $T_k=(V,E_k)$ 是网络 $N=(G,w)$ 的一棵支撑树，则边集 E_k 中所有边的权数之和称为树 T_k 的权数，网络 N 的最小支撑树是指网络 N 的所有支撑树中，权数最小的那棵，记为 T^*. 网络最小支撑树简称最小树，最小树的权数记为 $w(T^*)$.

6.2.2 最小树的求法

1. 破圈法

破圈法的基本思想就是在图中找圈，找到一个圈后，将组成该圈的各边中权数最大的边去掉，破除这个圈，然后再寻找下一个圈，一直重复此过程，直到图中不含圈为止，即得到最小树.

例 6.2.1 用破圈法求图 6-10 中网络的最小树.

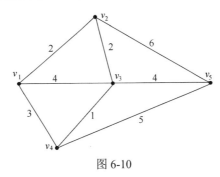

图 6-10

在图 6-10 所示网络中任取一圈，例如 (v_1,v_2,v_3,v_1)，去掉这个圈中权最大的边

(v_1,v_3)，再取一个圈 (v_1,v_2,v_3,v_4,v_1)，去掉边 (v_1,v_4)．一直重复这个步骤，直到得到一个不含圈的图，如图 6-11 所示，就是最小树，$w(T^*)=9$．

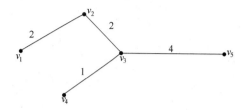

图 6-11

2. 避圈法

避圈法的基本思想与破圈法相反．去掉图的所有边，将图的所有点 $v_1, v_2, \ldots, v_n$ 作为一个支撑图，将所有的边按权数由小到大的顺序排列，然后按权数由小到大依次检查，如果某条边加到图上不会产生圈，则将其加到图上，反之则舍弃，当所有点都连通（有 $n-1$ 条边）时即得到最小树．

例 6.2.2 用避圈法求图 6-10 中网络的最小树．

将所有边按从小到大的顺序排列：$(v_3,v_4)=1$，$(v_1,v_2)=2$，$(v_2,v_3)=2$，$(v_1,v_4)=3$，$(v_1,v_3)=4$，$(v_3,v_5)=4$，$(v_4,v_5)=5$，$(v_2,v_5)=6$．

去掉所有边得到支撑图 6-12（a），首先添加最短边 (v_3,v_4)，再添加 (v_1,v_2)，依次进行下去，见图 6-12（b）～（d），最后所有点都连通起来，得到最小树．

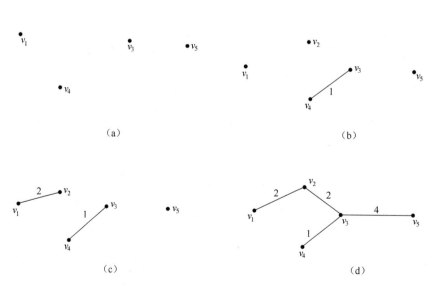

（a）

（b）

（c）

（d）

图 6-12

6.2.3 用 Lingo 软件求解最小树问题

下面结合本节实例来说明如何使用 Lingo 软件进行编程求解最小树问题.

例 6.2.3 用 Lingo 软件求解图 6-10 中网络的最小树.

求解图 6-10 中网络最小树的 Lingo 程序如下:

```
model:
Sets:
City/1..5/:U;
Link(city,city):dist,x;
endsets
data:
dist=    0    2    4    3    99
         2    0    2    99   6
         4    2    0    1    4
         3    99   1    0    5
         99   6    4    5    0 ;
enddata
n=@size(city);
min=@sum(link:dist * x);
@for(city(k)|k#gt#1:
@sum(city(i)|i#ne#k:x(i,k))=1;
@for(city(j)|j#gt#1#and#j#ne#k:
U(j)>=U(k)+x(k,j)-(n-2)*(1-x(k,j))+(n-3)*x(j,k);););
@sum(city(j)|j#gt#1:x(1,j))>=1;
@for(link:@bin(x););
@for(city(k)| k#gt#1:
@bnd(1,U(k),99);
U(k)<=n-1-(n-2)*x(1,k););
```

应用 Lingo 软件求解,运行结果如下:

```
Objective value:       9.000000
Variable          Value         Reduced Cost
X( 1, 1)       0.000000          0.000000
X( 1, 2)       1.000000          2.000000
X( 1, 3)       0.000000          4.000000
X( 1, 4)       0.000000          3.000000
X( 1, 5)       0.000000          99.00000
X( 2, 1)       0.000000          2.000000
X( 2, 2)       0.000000          0.000000
X( 2, 3)       1.000000          2.000000
X( 2, 4)       0.000000          99.00000
X( 2, 5)       0.000000          6.000000
```

X(3, 1)	0.000000	4.000000
X(3, 2)	0.000000	2.000000
X(3, 3)	0.000000	0.000000
X(3, 4)	1.000000	1.000000
X(3, 5)	1.000000	4.000000
X(4, 1)	0.000000	3.000000
X(4, 2)	0.000000	99.00000
X(4, 3)	0.000000	1.000000
X(4, 4)	0.000000	0.000000
X(4, 5)	0.000000	5.000000
X(5, 1)	0.000000	99.00000
X(5, 2)	0.000000	6.000000
X(5, 3)	0.000000	4.000000
X(5, 4)	0.000000	5.000000
X(5, 5)	0.000000	0.000000

结果解读：Objective value:9.0000，即所求最小树长为9；X(1, 2)= 1.000000，X(2,3)= 1.000000，X(3,4)= 1.000000，X(3,5)= 1.000000,其余 X(i,j)=0.000000,即构成最小树的弧有：(v_1,v_2), (v_2,v_3),(v_3,v_4), (v_3,v_5).

6.2.4 最小树的应用

在实际应用中，很多问题都可以转化为求网络的最小树问题. 下面举几个例子.

例 6.2.4 某公司决定铺设光导纤维网络为它的主要中心之间提供高速通信. 图 6-13 中的节点显示了该公司主要中心的分布图. 节点间的连线是铺设纤维光缆的可能位置. 连线旁的数字表示如果选择在这个位置铺设光缆需要花费的成本. 为了充分利用光缆技术在中心之间高速通信上的优势，不需要在每两个中心之间都用一条光缆把它们直接连接起来. 现在的问题是需要铺设哪些光缆使得既能够保证任两个中心之间都能高速通信，又使总的铺设费用最低？

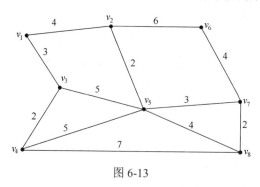

图 6-13

这个问题实际就是要在图 6-13 所示的网络中，找一个使所有节点都连通且使连接长度最短的连接方式，也即寻找图 6-13 所示网络的最小树.

例 6.2.5 某市 6 个新建单位之间的交通线路长度（公里）见表 6-1，其中单位 B 离污水处理管道网最近，为 1.1 公里. 为使这 6 个单位都能排污，现拟沿交通线路铺设地下管道，并且经 B 与污水处理管道网连通. 问应如何铺设排污管道使其总长最短？

表 6-1　各单位之间的交通道路长度

	A	B	C	D	E	F
A	0	1.3	3.5	4.3	3.8	4.0
B	1.3	0	3.5	4.0	3.1	3.9
C	3.5	3.5	0	2.8	2.6	1.0
D	4.3	4.0	2.8	0	2.1	2.7
E	3.8	3.1	2.6	2.1	0	2.4
F	4.0	3.9	1.0	2.7	2.4	0

这个问题也是求网络的最小树问题.

6.3　最短路问题

最短路问题就是在一个网络中，给定一个始点 v_s 和一个终点 v_t，求 v_s 到 v_t 的一条路，使路长最短（路上所有弧的权数之和最小）.

6.3.1　引例

例 6.3.1 一名旅游者打算从城市 v_s 出发到达城市 v_t 进行一次自驾旅行. 一路上将经过 6 个城市（分别记为 v_1、v_2、v_3、v_4、v_5、v_6），连接两座城市之间的公路网络及里程（单位：千米）如图 6-14 所示，弧旁数字为里程（单位：千米）. 请为该旅游者到达目的地选择一条最短的行车路线.

分析问题可知，从 v_s 到 v_t 的行车路线很多，如从 v_s 出发，依次经过 v_1、v_3、v_5，最后到达 v_t；也可以从 v_s 出发，依次经过 v_2、v_3、v_6，最后到达 v_t 等等. 走不同的路线，距离是不同的. 比如，前一条路线总里程 220 千米，后一条路线总里程为 180 千米. 本例的问题就是在图 6-14 的网络中找到从 v_s 到 v_t 行车里程最短的线路，这是最短路问题的一个例子.

6.3.2　求最短路问题的算法

求最短路问题有两种算法，一种是求从某一点至其他各点之间最短距离的狄克斯屈（Dijkstra）算法；另一种是求网络图上任意两点之间最短距离的 Floyd 算法.

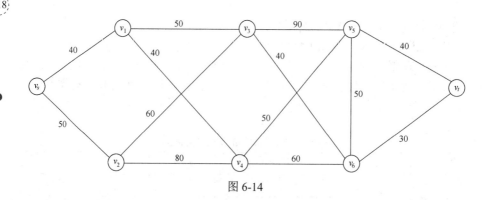

图 6-14

1. 狄克斯屈（Dijkstra）算法

该法是 Dijkstra 在 1959 年提出的，适用于所有权数均为非负（即一切 $w_{ij} \geqslant 0$）的网络，能够求出网络的任一点至其他各点之间的最短距离，为目前求这类网络最短路的最好算法.

这种算法的基本思想基于 5.2.2 节中所描述的最短路线具有的特性，也就是：假定 $v_1 \rightarrow v_2 \rightarrow v_3 \rightarrow v_4 \rightarrow v_5$ 是 $v_1 \rightarrow v_5$ 的最短路，则 $v_1 \rightarrow v_2 \rightarrow v_3$ 一定是 $v_1 \rightarrow v_3$ 的最短路，$v_3 \rightarrow v_4 \rightarrow v_5$ 一定是 $v_3 \rightarrow v_5$ 的最短路. 否则，设 $v_1 \rightarrow v_3$ 的最短路为 $v_1 \rightarrow v_6 \rightarrow v_3$，则 $v_1 \rightarrow v_6 \rightarrow v_3 \rightarrow v_4 \rightarrow v_5$ 的路长必小于 $v_1 \rightarrow v_2 \rightarrow v_3 \rightarrow v_4 \rightarrow v_5$，此与原假设矛盾.

Dijkstra 算法在执行过程中，对每一个 v_j 都要赋予一个标号，分为固定标号 $P(v_j)$ 和临时标号 $T(v_j)$ 两种. $P(v_j)$ 表示从始点 v_s 到点 v_j 的最短路长，$T(v_j)$ 表示从始点 v_s 到点 v_j 的最短路长上界. 点 v_j 的标号若是 T 标号，则需视情况修改，而一旦成为 P 标号，就固定不变了.

Dijkstra 算法步骤如下：

（1）令 $S = \{v_s\}, P(v_s) = 0$，对每一个点 $v \neq v_s$，令 $T(v) = +\infty$，令 $i=s$.

（2）考查点 v_i 的所有关联边 (v_i, v_j)，若 $v_j \notin S$，计算并令

$$\min\{T(v_j), P(v_i) + w_{ij}\} \Rightarrow T(v_j)$$

（3）计算 $\min\{T(v_j) \mid v_j \notin S\} = T(v_r) \Rightarrow P(v_r)$，即 v_r 的标号变为固定标号，选取相应的弧，并令 $S \cup v_r \Rightarrow S$.

（4）若 $S = V$，算法终止，$P(v_j)$ 即从始点 v_s 到点 v_j 的最短路长，已选出的弧即给出始点 v_s 到各点的最短路线；否则，令 $v_r \Rightarrow v_i$，返（2）.

注意：若只要求点 v_s 到某一点 v_t 的最短路，而没有要求 v_s 到其他各点的最短路，则步骤（4）的算法终止条件改为 $r=t$，$P(v_r)$ 即从始点 v_s 到点 v_r 的最短路长.

例 6.3.2 试在图 6-14 中求点 v_s 到点 v_t 的最短路.

解 在图 6-14 所示的网络中，先给始点 v_s 标号 $P(v_s) = 0$，$S = \{v_s\}$. 其余点 v_j 都是临时标号，$T(v_j) = +\infty$. 检查 v_s 的两条关联边的终点 v_1、v_2，由于都是临时标

号，计算并令：

点 v_1：$\min\{T(v_1), P(v_s)+w_{s1}\} = \min\{\infty, 0+40\} = 40 \Rightarrow T(v_1)$

点 v_2：$\min\{T(v_2), P(v_s)+w_{s2}\} = \min\{\infty, 0+50\} = 50 \Rightarrow T(v_2)$

在所有临时标号中选出最小标号 $T(v_1)=40$，把它改为固定标号 $P(v_1)=40$，然后选出相应的弧(v_s,v_1)，如图6-15（a）所示. 图中每点旁圆括号内的数字为固定标号，无括号的数字为临时标号，无数字则代表临时标号 ∞（省略）. 箭线即所选的弧(v_s,v_1). 以后每次都检查刚得到固定标号的点，其关联边的终点若是临时标号，则按照 $\min\{T(v_j), P(v_i)+w_{ij}\} \Rightarrow T(v_j)$，重新计算其临时标号. 然后从所有临时标号中选出最小的把它改为固定标号，同时选出相应的弧，直到 v_t 得到固定标号结束，具体过程如图 6-15 所示. 从图 6-15（g）可知，v_s 到 v_t 的最短路为 $v_s \to v_1 \to v_3 \to v_6 \to v_t$，路长为 160 公里.

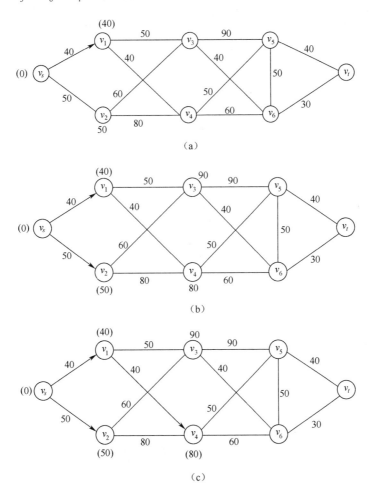

图 6-15

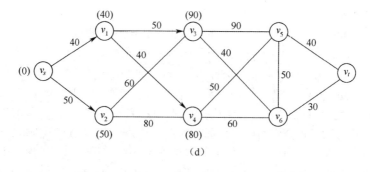

（d）

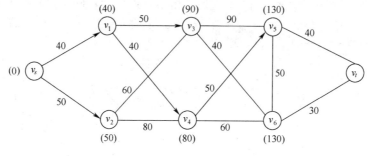

（e）

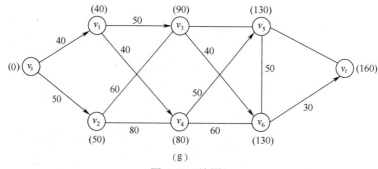

（f）

（g）

图 6-15（续图）

2. 求最短路的 Floyd 算法

Floyd 算法是更一般的求解最短路的方法，适用于求任意两点间的最短路、有负权图（图中某些边的权为负）的最短路等一般网络问题.

定义距离矩阵 $D=(w_{ij})_{n \times n}$，其中 w_{ij} 为网络中点 v_i、v_j 之间的权数.

Floyd 算法的基本步骤如下：

（1）记 $D^{(0)}=D$.

（2）计算 $D^{(k)}=(d_{ij}^{(k)})_{n \times n}$，其中

$$d_{ij}^{(k)} = \min_{1 \leq s \leq n}\{d_{is}^{(k-1)} + d_{sj}^{(k-1)}\} \quad (i, j = 1, 2, \ldots n)$$

（3）若计算中出现 $D^{(k)}=D^{(k+1)}$，$D^{(k)}$ 中的元素 $d_{ij}^{(k)}$ 就是 v_i 到 v_j 的最短路长.

设网络中的点数为 n，并且 $w_{ij} \geq 0$，则迭代次数 k 由下式估算得到.

$$k - 1 < \frac{\lg(n-1)}{\lg 2} \leq k$$

例 6.3.3 某公司有七个分公司，它们所在的城市以及城市之间的交通道路长度如图 6-16 所示. 请帮助该公司设计一张任意两城市间行程最短的路线表.

解 这个问题实际就是求图 6-16 任意两点间的最短路问题.

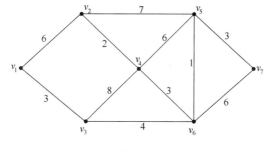

图 6-16

先根据图 6-16 写出距离矩阵 D.

$$D = \begin{pmatrix} 0 & 6 & 3 & \infty & \infty & \infty & \infty \\ 6 & 0 & \infty & 2 & 7 & \infty & \infty \\ 3 & \infty & 0 & 8 & \infty & 4 & \infty \\ \infty & 2 & 8 & 0 & 6 & 3 & \infty \\ \infty & 7 & \infty & 6 & 0 & 1 & 3 \\ \infty & \infty & 4 & 3 & 1 & 0 & 6 \\ \infty & \infty & \infty & \infty & 3 & 6 & 0 \end{pmatrix}，\quad 此即 D^{(0)}.$$

依 Floyd 算法第二步计算 $D^{(k)}$，$k=2,3\ldots$，直到 $D^{(k)}=D^{(k+1)}$ 停止.

在本例中，$\dfrac{\lg(n-1)}{\lg 2}=\dfrac{\lg 6}{\lg 2} \approx 2.6$，所以最多计算到 $D^{(3)}$，计算结果如下：

$$D^{(1)} = \begin{pmatrix} 0 & 6 & 3 & 8 & 13 & 7 & \infty \\ 6 & 0 & 9 & 2 & 7 & 5 & 10 \\ 3 & 9 & 0 & 7 & 5 & 4 & 10 \\ 8 & 2 & 7 & 0 & 4 & 3 & 9 \\ 13 & 7 & 5 & 4 & 0 & 1 & 3 \\ 7 & 5 & 4 & 3 & 1 & 0 & 4 \\ \infty & 10 & 10 & 9 & 3 & 4 & 0 \end{pmatrix}$$

$$D^{(2)} = \begin{pmatrix} 0 & 6 & 3 & 8 & 8 & 7 & 11 \\ 6 & 0 & 9 & 2 & 6 & 5 & 9 \\ 3 & 9 & 0 & 7 & 5 & 4 & 8 \\ 8 & 2 & 7 & 0 & 4 & 3 & 7 \\ 8 & 6 & 5 & 4 & 0 & 1 & 3 \\ 7 & 5 & 4 & 3 & 1 & 0 & 4 \\ 11 & 9 & 8 & 7 & 3 & 4 & 0 \end{pmatrix}$$

$$D^{(3)} = \begin{pmatrix} 0 & 6 & 3 & 8 & 8 & 7 & 11 \\ 6 & 0 & 9 & 2 & 6 & 5 & 9 \\ 3 & 9 & 0 & 7 & 5 & 4 & 8 \\ 8 & 2 & 7 & 0 & 4 & 3 & 7 \\ 8 & 6 & 5 & 4 & 0 & 1 & 3 \\ 7 & 5 & 4 & 3 & 1 & 0 & 4 \\ 11 & 9 & 8 & 7 & 3 & 4 & 0 \end{pmatrix}$$

因为 $D^{(2)} = D^{(3)}$.

$D^{(2)}$ 中的元素 $d_{ij}^{(2)}$ 就是分公司 v_i 到 v_j 的最短距离.

6.3.3 用 Lingo 软件求解最短路问题

例 6.3.4 用 Lingo 软件求解例 6.3.2.

求解例 6.3.2 的 Lingo 程序如下:

```
model:
sets:
cities/s,1,2,3,4,5,6,t/; !定义 8 个城市;
  roads(cities,cities)/
    s,1  s,2  1,3  1,4  2,3  2,4  3,5  3,6
    4,5  4,6  5,t  5,6  6,t/: W, X;
!定义哪些城市之间有路相联, W 为里程, X 为 0−1 型决策变量;
endsets
data:
  W=40  50  50  40  60  80  90  40
```

```
50  60  40  50  30;
enddata
N=@SIZE(CITIES);
  MIN=@SUM(roads:W*X);
  @FOR(cities(i) | i #GT# 1 #AND# i #LT# N:
    @SUM(roads(i,j): X(i,j))=@SUM(roads(j,i): X(j,i)));
  @SUM(roads(i,j)|i #EQ# 1:X(i,j))=1;
  @SUM(roads(i,j)|j #EQ# N:X(i,j))=1;
end
```

应用 Lingo 软件求解，运行结果如下：

```
Global optimal solution found.
  Objective value:                         160.0000
  Infeasibilities:                         0.000000
  Total solver iterations:                        0
  Elapsed runtime seconds:                     0.05
  Model Class:                                   LP
  Total variables:               13
  Nonlinear variables:            0
  Integer variables:              0
  Total constraints:              9
  Nonlinear constraints:          0
  Total nonzeros:                39
  Nonlinear nonzeros:             0
Variable           Value        Reduced Cost
N               8.000000          0.000000
W( S, 1)        40.00000          0.000000
W( S, 2)        50.00000          0.000000
W( 1, 3)        50.00000          0.000000
W( 1, 4)        40.00000          0.000000
W( 2, 3)        60.00000          0.000000
W( 2, 4)        80.00000          0.000000
W( 3, 5)        90.00000          0.000000
W( 3, 6)        40.00000          0.000000
W( 4, 5)        50.00000          0.000000
W( 4, 6)        60.00000          0.000000
W( 5, T)        40.00000          0.000000
W( 5, 6)        50.00000          0.000000
W( 6, T)        30.00000          0.000000
X( S, 1)        1.000000          0.000000
X( S, 2)        0.000000          0.000000
X( 1, 3)        1.000000          0.000000
```

X(1, 4)	0.000000	0.000000
X(2, 3)	0.000000	20.00000
X(2, 4)	0.000000	50.00000
X(3, 5)	0.000000	60.00000
X(3, 6)	1.000000	0.000000
X(4, 5)	0.000000	10.00000
X(4, 6)	0.000000	10.00000
X(5, T)	0.000000	0.000000
X(5, 6)	0.000000	40.00000
X(6, T)	1.000000	0.000000

结果解读：Objective value:160.0000，即 v_s 到 v_t 的最短路长为 160；X(S, 1)= 1.000000，X(1,3)= 1.000000，X(3,6)= 1.000000，X(6,T)= 1.000000,其余 X(i,j)= 0.000000,即 v_s 到 v_t 最短路上的弧有 (v_s,v_1), (v_1,v_3),(v_3,v_6),(v_6,v_t).

例 6.3.5 用 Lingo 软件求解例 6.3.3.

求解例 6.3.3 的 Lingo 程序如下：

```
sets:
nodes/c1..c7/;
link(nodes,nodes):w,path;  !path 标志最短路径上走过的顶点；
endsets
data:
path=0;
w=0;
@text(mydata1.txt)=@writefor(nodes(i):@writefor(nodes(j):
@format(w(i,j),' 10.0f')),@newline(1));
@text(mydata1.txt)=@write(@newline(1));
@text(mydata1.txt)=@writefor(nodes(i):@writefor(nodes(j):
@format(path(i,j),' 10.0f')),@newline(1));
enddata
calc:
w(1,2)=6;w(1,3)=3;w(2,4)=2;w(2,5)=7;
w(3,4)=8;w(3,6)=4; w(4,5)=6;
w(4,6)=3;w(5,6)=1; w(5,7)=3; w(6,7)=6;
@for(link(i,j):w(i,j)=w(i,j)+w(j,i));
@for(link(i,j)|i#ne#j:w(i,j)=@if(w(i,j)#eq#0,10000,w(i,j)));
@for(nodes(k):@for(nodes(i):@for(nodes(j):
tm=@smin(w(i,j),w(i,k)+w(k,j));
path(i,j)=@if(w(i,j)#gt# tm,k,path(i,j));w(i,j)=tm)));
 endcalc
end
```

应用 Lingo 软件求解，运行结果如下：(W(Ci,Cj)为点 v_i 到点 v_j 的最短距离；PATH(Ci,Cj)为 vi 到点 vj 最短路上的顶点)

```
Variable          Value
W( C1,  C1)       0.000000
W( C1,  C2)       6.000000
W( C1,  C3)       3.000000
W( C1,  C4)       8.000000
W( C1,  C5)       8.000000
W( C1,  C6)       7.000000
W( C1,  C7)       11.00000
W( C2,  C1)       6.000000
W( C2,  C2)       0.000000
W( C2,  C3)       9.000000
W( C2,  C4)       2.000000
W( C2,  C5)       6.000000
W( C2,  C6)       5.000000
W( C2,  C7)       9.000000
W( C3,  C1)       3.000000
W( C3,  C2)       9.000000
W( C3,  C3)       0.000000
W( C3,  C4)       7.000000
W( C3,  C5)       5.000000
W( C3,  C6)       4.000000
W( C3,  C7)       8.000000
W( C4,  C1)       8.000000
W( C4,  C2)       2.000000
W( C4,  C3)       7.000000
W( C4,  C4)       0.000000
W( C4,  C5)       4.000000
W( C4,  C6)       3.000000
W( C4,  C7)       7.000000
W( C5,  C1)       8.000000
W( C5,  C2)       6.000000
W( C5,  C3)       5.000000
W( C5,  C4)       4.000000
W( C5,  C5)       0.000000
W( C5,  C6)       1.000000
W( C5,  C7)       3.000000
W( C6,  C1)       7.000000
W( C6,  C2)       5.000000
W( C6,  C3)       4.000000
W( C6,  C4)       3.000000
W( C6,  C5)       1.000000
```

```
W( C6,  C6)       0.000000
W( C6,  C7)       4.000000
W( C7,  C1)      11.00000
W( C7,  C2)       9.000000
W( C7,  C3)       8.000000
W( C7,  C4)       7.000000
W( C7,  C5)       3.000000
W( C7,  C6)       4.000000
W( C7,  C7)       0.000000
PATH( C1,  C1)       0.000000
PATH( C1,  C2)       0.000000
PATH( C1,  C3)       0.000000
PATH( C1,  C4)       2.000000
PATH( C1,  C5)       6.000000
PATH( C1,  C6)       3.000000
PATH( C1,  C7)       6.000000
PATH( C2,  C1)       0.000000
PATH( C2,  C2)       0.000000
PATH( C2,  C3)       1.000000
PATH( C2,  C4)       0.000000
PATH( C2,  C5)       6.000000
PATH( C2,  C6)       4.000000
PATH( C2,  C7)       6.000000
PATH( C3,  C1)       0.000000
PATH( C3,  C2)       1.000000
PATH( C3,  C3)       0.000000
PATH( C3,  C4)       6.000000
PATH( C3,  C5)       6.000000
PATH( C3,  C6)       0.000000
PATH( C3,  C7)       6.000000
PATH( C4,  C1)       2.000000
PATH( C4,  C2)       0.000000
PATH( C4,  C3)       6.000000
PATH( C4,  C4)       0.000000
PATH( C4,  C5)       6.000000
PATH( C4,  C6)       0.000000
PATH( C4,  C7)       6.000000
PATH( C5,  C1)       6.000000
PATH( C5,  C2)       6.000000
PATH( C5,  C3)       6.000000
PATH( C5,  C4)       6.000000
```

```
PATH( C5, C5)          0.000000
PATH( C5, C6)          0.000000
PATH( C5, C7)          0.000000
PATH( C6, C1)          3.000000
PATH( C6, C2)          4.000000
PATH( C6, C3)          0.000000
PATH( C6, C4)          0.000000
PATH( C6, C5)          0.000000
PATH( C6, C6)          0.000000
PATH( C6, C7)          5.000000
PATH( C7, C1)          6.000000
PATH( C7, C2)          6.000000
PATH( C7, C3)          6.000000
PATH( C7, C4)          6.000000
PATH( C7, C5)          0.000000
PATH( C7, C6)          5.000000
PATH( C7, C7)          0.000000
```

6.3.4 最短路的应用

最短路问题是网络分析中最重要的优化问题之一，在实际问题中也有广泛的应用，如管道铺设、线路安排、工厂布局等．有些问题看起来似乎与地理方位无关，但通过适当的转化也可以将其归结为最短路问题，本节列举几个例子说明它的应用．

例 6.3.4 某公司签署了一项合同，生产一种新产品，为期五年．为此需要购买一台新设备，并在每年年初决定继续使用原设备还是更新购买一台新的．若继续使用原设备，需要支付一定的维修费用，但随着设备老化，维修费用有上升趋势；若购买新设备，则需要支付购买费用和较少的维修费用．购买和维修设备的费用见表 6-2 和 6-3．问：如何帮该公司制定一个五年内的设备更新计划，使五年内的总费用（购置费和维修费）最少？

表 6-2 设备购置费

第 i 年度	1	2	3	4	5
购置费（万元）	15	15	17	17	20

表 6-3 维修费

设备使用年数	第 1 年	第 2 年	第 3 年	第 4 年	第 5 年
维修费（万元）	5	6	9	14	21

分析：这种设备更新方案是很多的．

例如：方案一 每年年初购置一台新设备更换旧设备，五年内设备购置费为 15+15+17+17+20=84 万元，每台设备使用期为一年，支付维修费 5 万元，五年共支付维修费 25 万元. 这一方案的总费用为 84+25=109 万元.

方案二 在第一、第四年初购买新设备,五年内的设备购置费为 15+17=32 万元,维修费用包括第一年购买的设备,使用到第三年末,使用期 3 年,共支付维修费用 5+6+9=20 万元,第四年购买的设备,使用到第五年末,使用期两年,维修费用为 5+6=11 万元. 这一方案的总费用=购置费+维修费=32+20+11=63 万元,显然第二方案比第一方案支付费用少.

我们可以把所有方案一一列举,比较费用高低,最终找到最优更新方案,但这样计算代价太大.

这个问题初看和最短路问题没有关系,但是如果把费用看成距离,问题就转化成了最短路问题. 每年的购置费不同,维修费也不同,于是第 i 年购置,第 j 年更新,其费用就是弧权 w_{ij}. 从顶点 v_1 到 v_6(第 5 年末)的最短路就是最优设备更新方案. 建立网络模型如图 6-17.

$$D=(V,A,W)$$

其中,$V=\{v_1,\ldots v_6\}$,$A=\{(v_i,v_j)|i=1,2,\ldots5;j=2,\ldots6,i<j\}$,$v_1,\ldots,v_5$ 表示第 1...5 年的年初,v_6 表示第 5 年末. 弧(v_i,v_j)相当于第 i 年年初购买一台设备一直使用到第 j-1 年末. 弧(v_i,v_j)的权 w_{ij}=第 i 年设备的购置费+$(j-i)$年里设备的维修费.

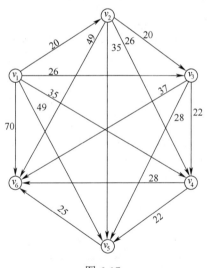

图 6-17

这样,制定一个最优设备更新计划就转化为寻求从 v_1 到 v_6 的最短路问题.

应用 Lingo 软件求解,结果得到两条最短路:$v_1v_3v_6$ 和 $v_1v_4v_6$,即有两个最优方案:一个是第 1 年、第 3 年初各购置一台新设备;另一方案是第 1 年、第 4 年初各购置一台新设备;5 年里支付的总费用合计为 63 万元.

例 6.3.5 服务网点选址问题

对例 6.3.3 继续提出如下问题:公司总部应设在哪个城市,能使各公司都离它较近？这是一个中心问题，在一个网络中设置一所学校、医院、消防站、购物中心等问题都属于服务网点选址问题.

解 需要求出的位置，可化为一系列求最短路的问题. 先求出 v_1 到其他各点的最短距离 d_{1j} $(j=1,\dots 7)$，令 $D(v_1)=\max\{d_{11},\dots,d_{17}\}$，若总部建在 v_1，则距离总部最远的公司距离为 $D(v_1)$. 再依次计算 v_2, v_3, v_4, v_5, v_6, v_7 到其余各点的最短距离，类似求出 $D(v_2)$, $D(v_3)$, $D(v_4)$, $D(v_5)$, $D(v_6)$, $D(v_7)$，此七个值中最小者对应的点即为所求. 利用例 6.3.3 的求解结果，计算结果见表 6-4.

表 6-4

v_i \ v_j	d_{ij}							$D(v_i)=\max\{d_{ij}\}$
	1	2	3	4	5	6	7	
1	0	6	3	8	8	7	11	11
2	6	0	9	2	6	5	9	9
3	3	9	0	7	5	4	8	9
4	8	2	7	0	4	3	7	8
5	8	6	5	4	0	1	3	8
6	7	5	4	3	1	0	4	7
7	11	9	8	7	3	4	0	11

由于 $D(v_6)=7$ 最小，所以公司总部应建在 v_6，这样离总部最远的公司为 v_1，距离为 7.

6.4 最大流问题

在实际应用中，对一个网络，人们往往关心网络的流通能力，也就是网络的流量. 比如，河流系统的泄洪能力、电网的输变电能力、公路网的运输能力、制造系统的生产能力等等，这些都属于最大流问题. 最大流问题有两个层次，一是如何合理调配流量，使网络的流通能力达到最大；二是找到制约流量的瓶颈因素，以便对网络加以改造，提高网络的流通能力.

引例：图 6-18 是连接某产品产地 v_s 和销地 v_t 的交通网络. 弧 (v_i,v_j) 表示从 v_i 到 v_j 的运输线路，弧旁数字表示这条运输线路的最大通过能力.

问题：这个网络的最大输送能力是多少？如果要提升网络的流通能力，应该如何入手？

下面介绍最大流问题的基本理论和求解最大流问题的基本算法.

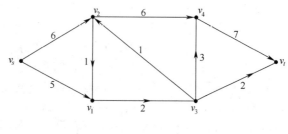

图 6-18

6.4.1 基本概念

1. 网络与流

容量网络：对一个有向网络 $N=(V,A)$ 作如下规定：

网络有一个发点 v_s 和一个收点 v_t；

对每一弧 $(v_i, v_j) \in A$ 都赋予一个容量 $r(v_i, v_j) = r_{ij} \geq 0$，表示容许通过该弧的最大流量.

满足以上规定的网络称为容量网络. 本节所讨论的均为这种网络，以下简称网络. 例如图 6-18 就是一个容量网络.

网络流：是指流过一个网络的某种流在各边上流量的集合.

在一个网络 $N=(V,A)$ 中，设以 $x_{ij} = x(v_i, v_j)$ 表示通过弧 $(v_i, v_j) \in A$ 的流量，则集合 $X = \{x_{ij} | (v_i, v_j) \in A\}$ 就称为该网络的一个流.

2. 可行流与最大流

如果网络 N 表示一个运输网络，r_{ij} 表示线路 v_i 与 v_j 之间的最大运输能力，x_{ij} 表示 v_i 与 v_j 之间的实际运输量，因此应有 $0 \leq x_{ij} \leq r_{ij}$，即实际运输量不能超过该线路的最大通过能力. 如果网络 N 上的中间点表示一个转运站，那么中间点运出货物的总量与运进的总量应当相等.

满足下列条件的流 $X = \{x_{ij}\}$ 称为一个可行流：

（1）弧容量限制条件，弧的流量不超过容量，即对每一弧 $(v_i, v_j) \in A$ 有 $0 \leq x_{ij} \leq r_{ij}$.

（2）中间点平衡条件，对于中间点，有总流入量=总流出量，即对每个 $i(i \neq s,t)$ 有 $\sum_j x_{ij} - \sum_j x_{ji} = 0$.

对于发点 v_s 和收点 v_t，有 $\sum_j x_{sj} = \sum_j x_{jt} = f$ （即 v_s 的净流出量与 v_t 的净流入量相等）. f 称为可行流的流量.

可行流总是存在的，当所有边的流量 $x_{ij}=0$ 时，就得到一个可行流，流量为 0.

图 6-19 表示了一个可行流，图中弧旁数字为 (r_{ij}, x_{ij}).

在一个网络中，流量最大的可行流称为最大流，记为 $X^* = \{x_{ij}^*\}$，其流量记为 $f^* = f(X^*)$．

3. 弧的种类

在网络 $N=(V,A)$ 中，若给定一个可行流 X，我们把网络中满足 $x_{ij} = r_{ij}$ 的弧称为饱和弧，$x_{ij} < r_{ij}$ 的弧称为非饱和弧，$x_{ij} = 0$ 的弧称为零流弧．

设 μ 是网络中一条连接发点和收点的链，我们定义链的方向是从 v_s 到 v_t．则链 μ 的弧分为两类：与链的方向一致的弧称为前向弧，其集合记为 μ^+；与链的方向相反的弧称为后向弧，其集合记为 μ^-．

图 6-19，在链 $\mu = v_s v_1 v_2 v_3 v_t$ 上的各弧被分成以下两类：

$$\mu^+ = \{(v_s, v_1), (v_3, v_t)\}$$
$$\mu^- = \{(v_2, v_1), (v_3, v_2)\}$$

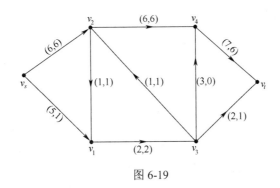

图 6-19

4. 增广链

设 $X = \{x_{ij}\}$ 是一可行流，μ 是从 v_s 到 v_t 的一条链．若链 μ 上各弧的流量满足下述条件：（1）前向弧均为非饱和弧；（2）后向弧均为非零流弧，则称 μ 为一条关于可行流 X 的增广链，记为 $\mu(X)$．图 6-19 中，链 $\mu = v_s v_1 v_2 v_3 v_t$ 就是关于当前可行流的一条增广链．增广链是判定最大流的依据，如果存在增广链，则 X 还不是最大流，如果没有增广链了，就可以判定 X 已经是最大流了．

定理 1 在网络 $N=(V,A)$ 中，可行流 X 是最大流的充要条件是：N 中不存在关于 X 的增广链．

5. 截集

在一个网络 $N = (V, A)$ 中，若把点集 V 剖分成不相交的两个非空集合 S 和 $\overline{S}$，且 $v_s \in S, v_t \in \overline{S}$，$S$ 中各点不需经由 $\overline{S}$ 中的点而均连通，$\overline{S}$ 中各点也不需经由 S 中的点而均连通，则把始点在 S 中而终点在 $\overline{S}$ 中的所有弧所构成的集合，称为一个分离 v_s 和 v_t 的截集，记为 $(S, \overline{S})$．

如果从网络 N 中去掉截集 $(S, \overline{S})$ 中的边，从 v_s 就没有路可以到达 v_t．

注意：截集是有方向的，只包含从 S 指向 $\bar{S}$ 的弧．截集是从 v_s 一岸通往 v_t 一岸的"桥梁"的总和，或者说，截集是从 v_s 到 v_t 的必经之路．

在一个截集 $(S,\bar{S})$ 中所有弧的容量之和称为该截集的容量，简称截量．截集可以有很多，不同的截集具有不同的截量．截量最小的截集称为最小截集．最小截集的概念很重要，它决定了网络的流通能力．

定理 2 对于任意给定的网络 $D=(V,A,C)$，从发点 v_s 到收点 v_t 的最大流的流量必等于分割 v_s 和 v_t 的最小截集的截量．

图 6-18 的截集及其截量如表 6-5 所示．

表 6-5

$S=\{v_i\}$	$\bar{S}=(v_j)$	$(S,\bar{S})=\{(v_i, v_j)\}$	截量
v_s	v_1,v_2,v_3,v_4,v_t	$(v_s,v_1),(v_s,v_2)$	11
v_s,v_1	v_2,v_3,v_4,v_t	$(v_s,v_2),(v_1,v_3)$	8
v_s,v_2	v_1,v_3,v_4,v_t	$(v_s,v_1),(v_2,v_1),(v_2,v_4)$	12
v_s,v_1,v_2	v_3,v_4,v_t	$(v_2,v_4),(v_1,v_3)$	8
v_s,v_1,v_3	v_2,v_4,v_t	$(v_s,v_2),(v_3,v_2),(v_3,v_4),(v_3,v_t)$	12
v_s,v_2,v_4	v_1,v_3,v_t	$(v_s,v_1),(v_2,v_1),(v_4,v_t)$	13
$v_s,v_1,v_2,v_3,$	v_4,v_t	$(v_2,v_4),(v_3,v_4),(v_3,v_t)$	11
$v_s,v_1,v_2,v_4,$	v_3,v_t	$(v_1,v_3),(v_4,v_t)$	9
$v_s,v_1,v_2,v_3,v_4,$	v_t	$(v_3,v_t),(v_4,v_t)$	9

6.4.2 寻求最大流的标号法——Ford-Fulkerson 标号法

Ford 和 Fulkerson 提出了求解最大流问题的标号法，思路是从某一可行流出发，用标号的办法寻找增广链，然后沿着增广链调整网络流量，直到标号过程无法继续，意味着没有了增广链，表明已得到最大流．同时，标号点和未标号点构成了两个集合，连接两个点集的弧集就是最小截集．

算法步骤如下：

1. **标号过程**

在这个过程中，网络中的点分为两部分，即标了号的点和未标号的点，标了号的点又分为已检查点和未检查点．即：

$$\text{顶点}\begin{cases}\text{标号点}\begin{cases}\text{标号已检查点}\\\text{标号未检查点}\end{cases}\\\text{未标号点}\end{cases}$$

每个标号点的标号包括两部分，即 $(\pm v_i, b(v_j))$：第一个标号表明 v_j 的标号是从哪一个点得到的，以便于找出增广链；第二个标号是为确定增广链的调整量 θ 用的．

具体标号过程如下：

（1）首先给发点 v_s 标号 $(0,\infty)$.

（2）选择一个已标号未检查的顶点 v_i，对所有与 v_i 相邻而没有标号的顶点 v_j，按下列规则处理：若关联 v_i 与 v_j 的弧为 (v_i,v_j)，并且 $x_{ij}<r_{ij}$，则给顶点 v_j 标号 $(v_i,b(v_j))$，其中 $b(v_j)=\min\{b(v_i),r_{ij}-x_{ij}\}$，而当 $x_{ij}=r_{ij}$ 时，不给顶点 v_j 标号.

若关联 v_i 与 v_j 的弧为 (v_j,v_i)，并且 $x_{ji}>0$，则给顶点 v_j 标号 $(-v_i,b(v_j))$，其中 $b(v_j)=\min\{b(v_i),x_{ji}\}$. 而当 $x_{ji}=0$ 时，不给顶点 v_j 标号.

当所有与 v_i 相邻而没有标号的顶点 v_j，都执行完上述步骤，就给点 v_i 打 √（对号），表示对它已检查完毕.

重复过程（2），可能出现两种结果，其一是终点 v_t 得到标号，说明存在一条增广链，则转到调整过程；其二是所有标号点均已检查过，而终点 v_t 没有得到标号，说明不存在增广链，这时可行流 f 即为最大流.

2. 调整过程

首先从终点回溯标号点的第一个标号，就能找出一条由标号点和相应的弧连接而成的从 v_s 到 v_t 的增广链 $\mu(X)$. 然后，按如下方法修改原可行流. 取调整量 $\theta=b(v_t)$（即终点的第二个标号），令

$$x_{ij}:=x_{ij}+\theta,\text{对一切}（v_i,v_j）\in\mu^+;$$

$$x_{ij}:=x_{ij}-\theta,\text{对一切}（v_i,v_j）\in\mu^-;$$

非增广链上的各弧流量 x_{ij} 不变。

调整结束后，去掉所有标号，返回标号过程重新进行标号. 流程图如图 6-20 所示.

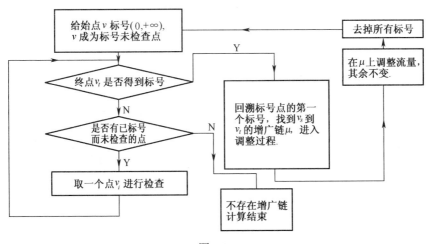

图 6-20

例 6.4.2 用标号法求图 6-19 中 v_s 到 v_t 的最大流.

解 从图 6-19 中的可行流出发，寻找最人流的过程如下：

（1）标号过程.

1）给发点 v_s 标号 $(0, \infty)$.

检查 v_s，对其相邻点 v_1、v_2 依次判断、执行如下：

对 v_1，因关联它与 v_s 的弧为 (v_s, v_1)，且 $r_{s1} = 5 > x_{s1} = 1$，故给 v_1 标号 $(+v_s, b(v_1))$，其中 $b(v_1) = \min\{b(v_s), r_{s1} - x_{s1}\} = 4$.

对 v_2，因关联它与 v_s 的弧为 (v_s, v_2)，且 $r_{s2} = x_{s2}$，因此不给 v_2 标号.

至此，对 v_s 检查完毕，给 v_s 打 √.

2）现在已标号待检查的点为 v_1. 检查 v_1，对与其相邻而未标号的点 v_2、v_3 判断、执行如下：对 v_2，因有弧 (v_2, v_1)，且 $x_{21} = 1 > 0$，故给 v_2 标号 $(-v_1, b(v_2))$，其中 $b(v_2) = \min\{b(v_1), x_{21}\} = 1$. 对 v_3，虽有弧 (v_1, v_3)，但 $r_{13} = x_{13}$，故不给 v_3 标号.

至此，对 v_1 检查完毕，给 v_1 打 √.

3）现在已标号待检查的点为 v_2. 检查 v_2，对与其相邻而未标号的点 v_3、v_4 判断、执行如下：对 v_3，因有弧 (v_3, v_2)，且 $x_{32} = 1 > 0$，故给 v_3 标号 $(-v_2, b(v_3))$，其中 $b(v_3) = \min\{b(v_2), x_{32}\} = 1$. 对 v_4，虽有弧 (v_2, v_4)，但 $r_{24} = x_{24}$，故不给 v_4 标号.

至此，对 v_2 检查完毕，给 v_2 打 √.

4）现在已标号待检查的点为 v_3. 检查 v_3，对与其相邻而未标号的点 v_4、v_t 判断、执行如下：对 v_t，因有弧 (v_3, v_t)，且 $r_{3t} - x_{3t} = 1$，故给 v_t 标号 $(+v_3, b(v_t))$，其中 $b(v_t) = \min\{b(v_3), r_{3t} - x_{3t}\} = 1$.

因为 v_t 被标上号，转入调整过程.

（2）调整过程.

从 v_t 开始，依次回溯标号点的第一个标号，可得到一条 v_s 到 v_t 的增广链 $\mu = v_s v_1 v_2 v_3 v_t$，图 6-21 中双箭线所示. 从图中可以看出：

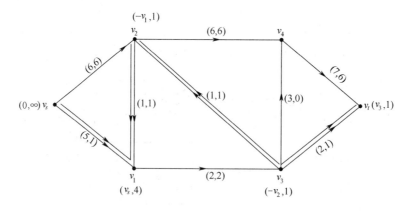

图 6-21

前向弧集合 $\mu^+ = \{(v_s, v_1), (v_3, v_t)\}$，

后向弧集合 $\mu^- = \{(v_2, v_1), (v_3, v_2)\}$.

按调整量 $\theta = b(v_t) = 1$，调整增广链上各弧的流量如下：

$$x_{s1} := x_{s1} + \theta = 1 + 1 = 2, x_{s1} \in \mu^+$$

$$x_{3t} := x_{3t} + \theta = 1 + 1 = 2, x_{3t} \in \mu^+$$

$$x_{21} := x_{21} - \theta = 1 - 1 = 0, x_{21} \in \mu^-$$

$$x_{32} := x_{32} - \theta = 1 - 1 = 0, x_{32} \in \mu^-$$

非增广链上各弧的流量不变.

这样得到一个新的可行流，如图 6-22 所示.

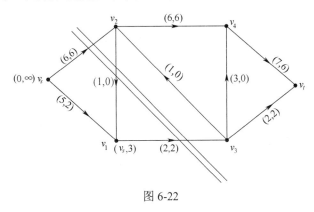

图 6-22

在图 6-22 中重新进行标号，依次给 v_s、v_1 标号并检查后，标号过程无法进行下去，所以不存在 v_s 到 v_t 的增广链，图 6-22 中的可行流即最大流 X^*，$f(X^*)$=8.

已标号点 $\{v_s, v_1\}$，未标号点集合 $\{v_2, v_3, v_4, v_t\}$. 用两道横线将标号点与未标号点分开，横线截断的从 S 到 $\overline{S}$ 的弧就是最小截集：$\{(v_s, v_2), (v_1, v_3)\}$，如图 6-22 所示，最小截集的截量为 8，恰好就是最大流的流量. 最小截集容量的大小影响总输送量的提高. 因此，为提高总的输送量，必须首先考虑改善最小截集中各弧的输送状况，提高它们的通过能力. 另一方面，一旦最小截集中弧的通过能力降低，就会使网络总的输送能力下降.

这里需要说明的是：在求网络最大流时，若未给定初始可行流，可以自己找出初始可行流，这个可行流可以是零流，也可以是任一可行流，但一般情况下为加快计算速度，可以根据网络中弧上各容量的大小，给出流量尽可能大的可行流，但该流是否为最大流须通过判断网络中是否存在关于当前可行流的增广链来确定.

6.4.3 用 Lingo 软件求解最大流问题

```
MODEL:
sets:
```

```
      nodes/s,1,2,3,4,t/;
      arcs(nodes, nodes): p, c, f;
endsets
data:
     p= 0 1 1 0 0 0
        0 0 0 1 0 0
        0 1 0 0 1 0
        0 0 1 0 1 1
        0 0 0 0 0 1
        0 0 0 0 0 0;
     c =0 5 6 0 0 0
        0 0 0 2 0 0
        0 1 0 0 6 0
        0 0 1 0 3 2
        0 0 0 0 0 7
        0 0 0 0 0 0;
enddata
max = flow;
@for(nodes(i) | i #ne# 1 #and# i #ne# @size(nodes):
@sum(nodes(j): p(i,j)*f(i,j)
        = @sum(nodes(j): p(j,i)*f(j,i)));
@sum(nodes(i):p(1,i)*f(1,i)) = flow;
 @for(arcs:@bnd(0, f, c));
 END
```

应用 Lingo 软件求解，运行结果如下：

Variable	Value	Reduced Cost
FLOW	8.000000	0.000000
F(S, S)	0.000000	0.000000
F(S, 1)	2.000000	0.000000
F(S, 2)	6.000000	-1.000000
F(S, 3)	0.000000	0.000000
F(S, 4)	0.000000	0.000000
F(S, T)	0.000000	0.000000
F(1, S)	0.000000	0.000000
F(1, 1)	0.000000	0.000000
F(1, 2)	0.000000	0.000000
F(1, 3)	2.000000	-1.000000
F(1, 4)	0.000000	0.000000
F(1, T)	0.000000	0.000000
F(2, S)	0.000000	0.000000
F(2, 1)	0.000000	1.000000

F(2, 2)	0.000000	0.000000
F(2, 3)	0.000000	0.000000
F(2, 4)	6.000000	0.000000
F(2, T)	0.000000	0.000000
F(3, S)	0.000000	0.000000
F(3, 1)	0.000000	0.000000
F(3, 2)	0.000000	0.000000
F(3, 3)	0.000000	0.000000
F(3, 4)	0.000000	0.000000
F(3, T)	2.000000	0.000000
F(4, S)	0.000000	0.000000
F(4, 1)	0.000000	0.000000
F(4, 2)	0.000000	0.000000
F(4, 3)	0.000000	0.000000
F(4, 4)	0.000000	0.000000
F(4, T)	6.000000	0.000000
F(T, S)	0.000000	0.000000
F(T, 1)	0.000000	0.000000
F(T, 2)	0.000000	0.000000
F(T, 3)	0.000000	0.000000
F(T, 4)	0.000000	0.000000
F(T, T)	0.000000	0.000000

结果解读：FLOW 为 8，表示最大流量为 8；F(S,1)=2, F(s,2)=6, F(1,3)=2, F(2,4)=6, F(3,T)=2, F(4,T)=6, 其余为 0, 表示弧 $(v_s,v_1),(v_s,v_2),(v_1,v_3),(v_2,v_4),(v_3,v_t),(v_4,v_t)$ 上的流量分别为 2，6，2，6，2，6，其余弧上的流量为 0.

6.4.4 最大流问题拓展

求最大流的标号法适用于只有一个收点和一个发点的网络，但有些问题给出的网络具有多个发点和多个收点，如图 6-23 中，网络 G 有两个发点 v_1,v_2，两个收点 v_7,v_8. 可以添加两个新顶点 v_s,v_t，连接有向边 $(v_s,v_1),(v_s,v_2),(v_7,v_t),(v_8,v_t)$，新添加的边容量为 M（充分大的正数），得到新网络 G'. G' 为只有一个发点、一个收点的网络.

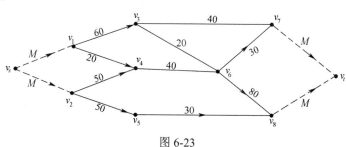

图 6-23

6.4.5 最大流问题应用举例

最大流问题应用广泛，除了可以求运输网络的最大流量之外，许多实际问题也可以用最大流的方法解决.

例 6.4.3 某铁路施工企业需在 1~3 月份完成 A、B、C 三项工程，工程工期和所需劳动力见表 6-6. 该企业每月可用劳动力为 90 人，任一项工程在一个月内投入的劳动力不能超过 60 人. 问该单位能否按期完成上述三项工程任务，应如何安排劳动力？

表 6-6

	工期	共需劳动力（人）
A	1~3 月	70
B	1~2 月	90
C	2~3 月	80

解 本问题可以用网络图 6-24 表示. 图中的节点 M_1、M_2、M_3 分别表示 1~3 月份，A_i、B_i、C_i 表示工程在第 i 个月内完成的部分. 弧旁边的数字表示弧的容量，从 S 开始的弧，其容量为该公司每月可用劳动力 90 人；从节点 M_1、M_2、M_3 开始的弧，以及到节点 A、B、C 的弧，其容量为任一工程在一个月内的劳动力投入不能超过 60 人，到收点 T 的弧，其容量为每项工程所需的劳动力. 合理安排每个月工程的劳动力，在不超过现有人力的条件下，尽可能保证工程按期完成，就是求图 6-24 中从发点到收点的最大流.

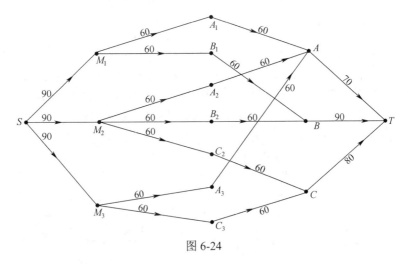

图 6-24

Lingo 软件求解结果见表 6-7.

表 6-7 每个月的劳动力分配情况

月份	项目 A	项目 B	项目 C
1	60	30	0
2	0	60	20
3	10	0	60
合计	70	90	80

例 6.4.4 某企业计划招聘懂法、英、德、俄语的翻译各一名，有 A、B、C、D 四人应聘．每人能胜任的语种如表 6-8 所示．问企业应招聘哪几位应聘者?招聘后如何分配他们的工作?

表 6-8

语种	A	B	C	D
法语		√		
英语	√	√	√	√
德语	√		√	√
俄语		√		

解 将四个人与四种外语分别用点表示，把每个人与懂得的外语语种之间用弧相连，每个弧上的数字代表各弧的容量，规定为 1，得到图 6-25（a）所示的网络．求该网络的最大流即为最多能招聘的人数．求解结果见图 6-25（b），图中每条弧上的第一个数字表示弧的容量，第二个数字表示弧的实际流量．从图中可以看出，企业应招聘 A、B、C 三位应聘者，招聘后的分配方案为：A——英语，B——法语、C——德语．

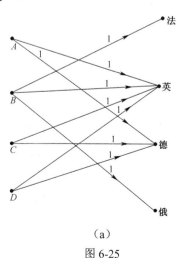

（a）

图 6-25

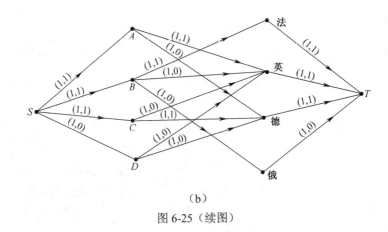

（b）

图 6-25（续图）

习题 6

1. 哥尼斯堡七桥问题（the Konigsberg Bridges Problem）

图论的起源最早可追溯到著名的哥尼斯堡七桥问题．18 世纪，欧洲的哥尼斯堡（Konigsberg）城有一条流经全城的普雷戈尔（Pregel）河系，河上有七座桥连接着两岸和河中的两个小岛，如图 6-26（a）所示．当时城内居民散步时热衷于这样一个问题：从 A、B、C、D 中的任意一个出发，能否走遍七座桥且每桥只过一次而最终回到原出发地？

数学家欧拉给出的答案是否定的，他将陆地 A、B、C、D 用四个点表示，桥用线表示，由此得到一个图，如图 6-26（b）所示．于是问题归结为一笔画线问题，即能否一笔画成这个图形，而线不重复．欧拉通过数学证明：凡是图中有点与奇数条边（线）相关联，这样的图不可能一笔画完．图 6-26（b）中每个点都与奇数条边相关联，故问题无解．1736 年欧拉就此发表了一篇论文，开启了一个新的数学分支——图论．现在请回答下面的问题：从图 6-27 的任一点出发，能否走遍该图的各边且仅过一次而回到原出发点，若能，则找出一条这样的路；不能，请说明理由．

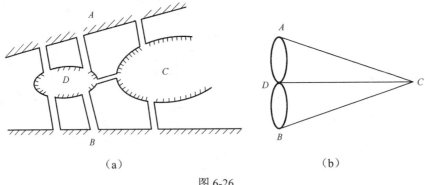

（a）   （b）

图 6-26

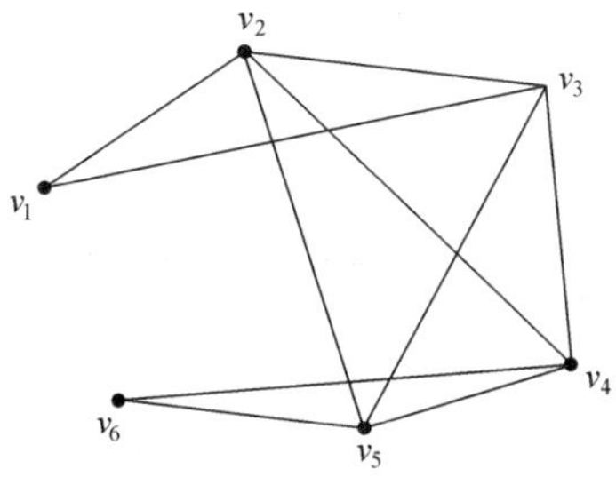

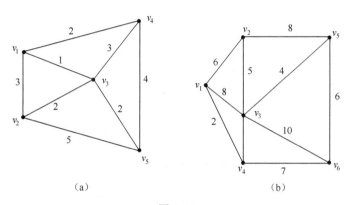

图 6-27

2. 有六支球队进行足球比赛，我们分别用点 $v_1 \ldots v_6$ 表示这六支球队，它们之间的比赛情况如下：v_1 队战胜 v_2 队，v_2 队战胜 v_3、v_4 队，v_3 队战胜 v_1、v_5 队，v_4 队战胜 v_5、v_6 队，v_5 队战胜 v_6 队. 请用有向图表示这六支球队之间的胜负情况.

3. 分别用避圈法和破圈法求图 6-28 中网络的最小树.

（a）　　　　　　　　（b）

图 6-28

4. 某通讯公司要沿道路为六个居民小区架设通讯网络，连接六个居民小区的道路如图 6-29 所示，弧旁数字为各居民小区之间道路的长度，单位为千米. 请设计一个架线方案，连通这六个小区，并使总的线路长度最短.

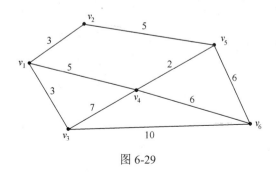

图 6-29

5. 某乡政府计划未来 2 年内，使所管辖的 6 个村之间都有水泥公路相通．根据勘测，6 个村之间修建公路的费用如表 6-9 所示．乡政府应如何选择修建公路的路线使总成本最低？

表 6-9　两村庄之间修建公路的费用（单位：万元）

	2	3	4	5	6
1	15	24	10	21	26
2		11	21	11	31
3			26	21	26
4				26	16
5					31

6. 在图 6-30 所示的网络中，求点 v_s 到各点的最短路．

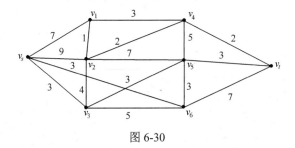

图 6-30

7. 在图 6-31 的网络中，求各点间的最短路．

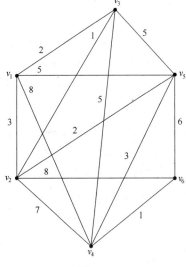

图 6-31

8. 有一物流企业要从仓库给客户去送货，仓库与客户之间交通道路情况如图 6-32 所示，v_1 为仓库所在地，v_6 为客户所在地，图中弧旁括号内的数字，第 1 个表示两点间的距离，第 2 个表示两点间汽车行驶所需时间，请分别依据最短距离和最少时间确定最优送货路线.

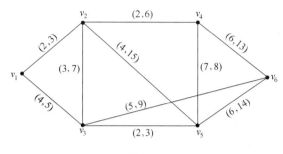

图 6-32

9. 已知某设备可继续使用 5 年，也可以在每年年末卖掉重新购置新设备. 今后五年内每年初购置新设备的价格分别为 3.6 万、3.8 万、4.0 万、4.1 万和 4.4 万元. 使用时间在 1～5 年内的维护费用分别为 0.4 万、0.9 万、1.4 万、2.3 万和 3 万元. 试确定一个设备更新方案，使 5 年的设备购置和维护总费用最小.

10. 7 个居民小区之间的交通道路如图 6-33 所示，弧旁数字代表道路的长度. 现要在 7 个小区中选择一个建快速反应中心，选择哪一个最合理?

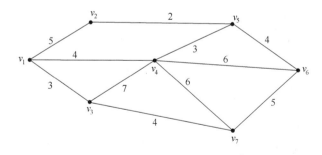

图 6-33

11. 图 6-34 是某五个城市之间的航线，弧旁数字为两城市之间的票价（百元），试确定任意两城市之间票价最便宜的线路表.

12. 求图 6-35 中网络的最大流与最小截集. 弧旁数字为该弧的容量.

13. 求图 6-36 所示网络中 v_1 到 v_6 的最大流，弧旁数字为该弧的容量.

14. 某河流有几个岛屿，陆地与岛屿以及各岛屿之间的桥梁如图 6-37 所示. 若河流两岸分别为敌对的双方部队占领. 问至少应切断几座桥梁，才能达到阻止对方部队过河的目的? 试用网络分析的方法求解.

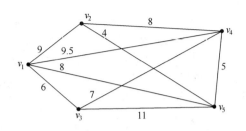

图 6-34

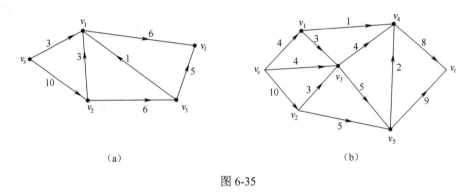

（a） （b）

图 6-35

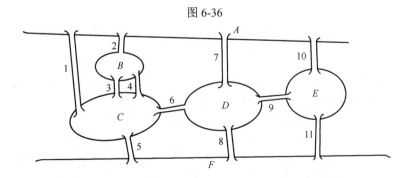

图 6-36

图 6-37

15. 有 4 根同一规格的轴件 A，B，C，D，4 个同一规格的齿轮甲、乙、丙、丁，现要将轴件与齿轮配对使用．由于精度不高，不能任意匹配．已知 A 只能与乙配合，B 能与甲、丙配合，C 能与丙、丁配合，D 能与甲、乙配合．问应如何匹配才能充分利用这些零件．试用网络分析的方法求解．

案 例 分 析

案例 1：旅客运输问题

某铁路企业承担甲、乙、丙三个城市之间的旅客列车运输任务，列车的出发和到达时间如表 6-10 所示．设旅客列车从到达某站到出发至少需要 2 个小时的准备时间，试制定一个最佳列车接续方案，使该铁路企业所使用的列车数最少．

表 6-10

车次	出发城市	出发时间	到达城市	到达时间
K1	甲	10：00	乙	13：00
K3	甲	11：00	乙	14：00
K5	甲	16：00	乙	19：00
K7	甲	21：00	丙	次日 1：00
K9	甲	23：00	丙	次日 3：00
K2	乙	5：00	甲	8：00
K4	乙	12：00	甲	15：00
K6	乙	16：00	甲	19：00
K8	丙	8：00	甲	12：00
K10	丙	16：00	甲	20：00

案例 2：零件加工问题

某零件的生产经过甲、乙、丙、丁 4 道工序，在满足技术要求的前提下，各道工序有不同的加工方案，其费用如表 6-11 所示，试确定一个生产费用最低的零件加工方案。

表 6-11

甲（两种方案）		乙（三种方案）		丙（两种方案）		丁（一种方案）
方案	加工费用	方案	加工费用	方案	加工费用	加工费用
1	40	1	40	1	30	20
				2	40	10
		2	50	1	40	20
				2	50	10
		3	60	1	40	20
				2	50	10
2	60	1	30	1	30	20
				2	40	10
		2	20	1	40	20
				2	50	10
		3	30	1	40	20
				2	50	10

第 7 章   排队论

本章学习目标

- 了解排队论的基本概念
- 掌握泊松输入——指数服务排队模型
- 了解排队系统的优化目标与优化问题

7.1   排队论的基本概念

7.1.1   排队系统的描述

排队是人们在日常生活中经常遇到的问题，如顾客到银行取钱、病人到医院看病常常要排队. 一般来说，如果要求服务的人数超过服务机构（服务台、服务员等）的数量，到达的顾客不能立即得到服务，就会出现排队现象. 排队现象不仅在日常生活中出现，码头上的船只等待装货或卸货，要降落的飞机因跑道不空而在空中盘旋，生产线上的原料、半成品等待加工，因故障停止运转的机器等待工人修理等等都是排队现象.

所谓**排队**，是指需要得到某种服务的对象加入等待的队列. 需要得到服务的对象统称为**顾客**，提供服务的人或机构等统称为**服务台**. 顾客和服务台构成一个系统，称为**服务系统**. 在一个服务系统中，如果一些顾客不能立即得到服务而需要等待，就会产生排队现象. 由于拥挤而产生排队现象的服务系统称为排队系统.

在现实世界中，排队现象是多种多样的，对上面所说的顾客和服务台要作广义的理解. 它们可以是人，也可以是物，可以是有形的，也可以是无形的. 不同的顾客与服务组成了各式各样的排队系统，表 7-1 是一些排队系统的例子.

表 7-1   排队系统范例

顾客	要求的服务	服务机构
借书的学生	借书	图书管理员
电话呼叫	通话	交换台
提货者	提货	仓库管理员
待降落的飞机	降落	指挥塔台
储户	存款取款	储蓄窗口、ATM
河水进入水库	放水、调整水位	水库管理员
书籍	阅读	读者
进港船舶	停靠泊位	码头（泊位）

顾客为了得到某种服务而到达系统、若不能立即获得服务而又允许排队等待，则加入等待队伍，待得到服务后离开系统．任何一个排队问题的基本排队过程都可以用图 7.1 表示．

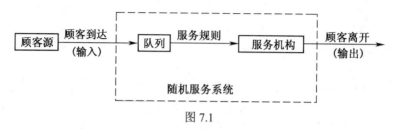

图 7.1

从基本的排队系统中可以引申出许多其他形式的排队系统，如图 7.2 所示．

（a）单队－单台服务系统

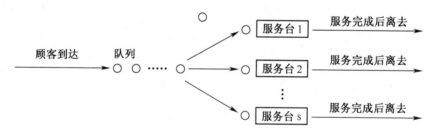

（b）单队－多台（并联）系统

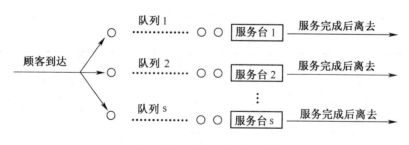

（c）多队－多台（并联）系统

图 7.2

（d）单队-多台（串联）系统

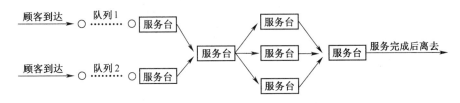

（e）多队－多台（混联、网络）系统

图 7.2（续图）

7.1.2　排队系统的基本组成

一般的排队系统有三个基本组成部分：输入过程、排队规则和服务机构．下面分别说明各部分的特征：

1. 输入过程

输入过程是指要求服务的顾客按怎样的规律到达排队系统的过程，有时也称之为顾客流．一般可以从三个方面来描述一个输入过程：

（1）**顾客总体数，**又称顾客源、输入源．顾客源可以是有限的，也可以是无限的．如到售票处购票的顾客总数可以认为是无限的，而某个工厂因故障待修的机床数是有限的．

（2）**顾客到达的方式．**顾客到达的方式可能是单个的，也可能是成批的．例如到医院就诊有单个到达的病人，也有成批体检人员同时到达．

（3）**顾客流的概率分布，**或称相继顾客的到达时间间隔分布．相继顾客的到达间隔可以是确定的，也可以是随机的．如自动生产线上的产品到达各工序的间隔都是一定的，但多数排队系统中顾客的到达是随机的．

常见顾客流的概率分布有：

定长分布：顾客严格按照固定的间隔时间相继到达．

泊松流：顾客到达过程为泊松流．

爱尔朗分布：顾客相继到达间隔相互独立且具有相同的爱尔朗分布密度．

一般独立分布：顾客相继到达间隔相互独立且同分布．

2. 排队规则

排队规则具体分为以下三种：

（1）**等待制**. 指顾客到达系统后，所有服务台都正被占用，顾客加入排队的行列等待服务，一直等到服务完毕以后才离去. 如排队等待售票，故障设备等待维修等. 多数系统都属于这种机制. 等待制中，服务台选择顾客进行服务时通常有如下四种规则：

①**先到先服务**（First Come First Serve,FCFS）. 按顾客到达的先后顺序对顾客进行服务，这是最普遍的情形.

②**后到先服务**（Last Come First Serve,LCFS）. 车船卸货时先卸后装进的货物，乘用电梯的顾客常是后入先出，重大消息优先刊登，都属于这种情况.

③**随机服务**（Serve in Random Order,LCRO）. 服务台空闲时，从等待的顾客中随机选出一个为之服务，而不管到达的先后. 如对产品进行质量检查时，所采用的抽样检验方式就属于这种情况.

④**有优先权的服务**（Priority,PR）. 如医院对危重病人优先诊治，老人、小孩优先进车站，遇到重要数据需要立即中断其他数据的处理等，均属这种规则.

（2）**损失制**. 顾客到达时，若所有服务台都被占用，则顾客自行消失. 这种服务机制称为即时制. 因为这样会损失掉许多顾客，故又称为损失制. 如停车场就属于这种情况.

（3）**混合制**. 这是等待制与损失制相结合的一种服务规则，一般是指允许排队，但又不允许队列无限长下去. 大体有以下三种：

①**系统容量有限**. 当等待服务的顾客人数超过规定数量时，后来的顾客就自动离去，即系统的等待空间是有限的.

②**等待时间有限**. 即顾客在系统中的等待时间不超过某一给定的长度 T，当等待时间超过时间 T 时，顾客将自动离去. 如药房存放的药品过了有效期就被销毁，不能再等待给病人服用了.

③**逗留时间（等待时间与服务时间之和）有限**. 即顾客在系统中的逗留时间不超过某一给定的长度 T，当逗留时间超过 T 后就自行消失. 如出炉的铁水超过一定时间仍未浇注或浇注未完，就报废了.

3. 服务机构

服务机构可以从以下三个方面来描述：

（1）**服务机构数量及构成形式**. 从数量上来说，服务台有单台和多台之分. 多服务台又分为串联、并联和网络等形式.

（2）**服务方式**有单个服务和成批服务两种，如客车对在站台等候的顾客就施行成批服务.

（3）**服务时间的分布**. 在多数情况下，对某一个顾客的服务时间是一随机变量，与顾客到达的时间间隔分布一样，服务时间的分布有定长分布、负指数分布、爱尔朗分布等.

7.1.3　排队系统的符号表示与分类

为了区别各种排队系统，根据输入过程、排队规则和服务机构的不同对排队模型进行描述或分类，可给出很多模型．肯道尔（Kendall）提出一个分类方法，称为"Kendall 记号"，目前被广泛采纳，其形式是

$$X/Y/Z/A/B/C$$

各符号的意义为：

（1）**X**：表示顾客相继到达时间间隔的概率分布，可取 M、D、E_k、G 等，其中：

M——表示到达过程为泊松过程或负指数分布；

D——表示定长输入；

E_k——表示 k 阶爱尔朗（Erlang）分布；

G——表示一般相互独立的随机分布．

（2）**Y**：表示服务时间分布，所用符号与 X 相同．

（3）**Z**：表示服务台个数，取正整数．1 表示单个服务台，s（$s>1$）表示多个服务台．

（4）**A**：表示系统中顾客容量限额，或称等待空间容量．若系统中有 K 个等待位子（0<K<∞），当 K=0 时，说明系统不允许等待，即为损失制；若 K=∞时为等待制系统；K 为有限整数时，表示为混合制系统．

（5）**B**：表示顾客源的数量，分有限与无限两种．用正整数或∞表示．

（6）**C**：表示服务规则，如 FCFS、LCFS、FR 等．

FCFS：表示先到先服务的排队规则．

LCFS：表示后到先服务的排队规则．

FR：有优先权的服务．

实际应用中，为了简便，规定了默认的省略形式：当排队规则是 FCFS 时，可省略，只用前五项记号；顾客源为无限时，第五项可省略；若系统顾客容量限额为∞时，即等待制系统，第四项可省略．

7.1.4　主要数量指标和记号

1．排队系统的主要数量指标

描述一个排队系统运行状况的主要数量指标有：

（1）**队长和等待队长**．队长是指系统中的顾客数（排队等待的顾客数与正在接受服务的顾客数之和）；等待队长是指系统中正在排队等待服务的顾客数．队长和等待队长一般都是随机变量．队长的分布是顾客和服务员共同关心的，队长越长说明系统的服务效率越低，特别是对系统设计人员来说，如果能知道队长分布，就能确定队长超过某个数的概率，从而确定合理的等待空间．由于队长是随机变量，因此希望能确定它的分布，至少应知道它的平均值．

（2）**等待时间和逗留时间**. 等待时间是指顾客在系统中排队等待的时间，即从顾客到达时刻起到开始接受服务止这段时间. 等待时间是个随机变量，也是顾客最关心的数量指标，因为顾客通常是希望等待时间越短越好. 逗留时间是指顾客在系统中的停留时间，即从顾客到达时刻起至接受完服务为止这段时间，也是随机变量.

（3）**忙期和闲期**. 忙期是指从顾客到达空闲的服务机构起，到服务机构再次空闲的这段时间，即服务机构连续忙的时间. 这是个随机变量，是服务员最为关心的数量指标，因为它关系到服务员的服务强度. 与忙期相对的是闲期，即服务机构连续保持空闲的时间. 在排队系统中，忙期和闲期总是交替出现的.

除了上述几个基本数量指标外，还会用到其他一些重要指标. 如在损失制或系统容量有限的情况下，由于顾客被拒绝，而使服务系统受到损失的顾客损失率及服务强度等，也都是十分重要的指标.

2. 排队系统中的常用记号

$N(t)$：时刻 t 系统中的顾客数（又称为系统的状态），即队长.

$N_q(t)$：时刻 t 系统中排队的顾客数，即等待队长.

$T(t)$：时刻 t 到达系统的顾客在系统中的逗留时间.

$T_q(t)$：时刻 t 到达系统的顾客在系统中的等待时间.

上面给出的这些数量指标一般都是和系统运行的时间有关的随机变量，直接求出它们的瞬时分布是很困难的. 一般地，排队系统在运行了一段时间后，都会趋于一个平稳状态，在平稳状态下，队长的分布、等待时间的分布和忙期的分布都和系统所处的时刻无关，而且系统的初始状态的影响也会消失. 本章将主要讨论统计平衡性质.

（1）主要性能指标.

L：平均队长，即稳态系统任一时刻顾客数的期望值.

L_q：平均等待队长，即稳态系统任一时刻等待服务的顾客数的期望值.

W：平均逗留时间，即在任一时刻进入稳态系统的顾客逗留时间的期望值.

W_q：平均等待时间，即在任一时刻进入稳态系统的顾客等待时间的期望值.

这四项主要性能指标的值越小，说明系统排队越少，等待时间越少，因而系统性能越好. 它们是顾客与服务系统的管理者都非常关注的.

（2）参数数量指标.

λ：平均到达率，即单位时间内平均到达的顾客数.

$1/\lambda$：平均到达时间间隔.

μ：平均服务率，即单位时间内平均服务的顾客数.

$1/\mu$：平均服务时间.

s：系统中服务台的个数.

ρ：服务强度，即每个服务台单位时间内的平均服务时间，一般有

$$\rho = \frac{\lambda}{s\mu}.$$

N：稳态系统任意时刻的状态（即系统中的所有顾客数）.

U：任一顾客在稳态系统中的逗留时间.

Q：任一顾客在稳态系统中的等待时间.

$P_n = P\{N = n\}$：稳态系统任一时刻状态为 n 的概率；

特别当 $n=0$ 时，$P_n = P_0$，即稳态系统所有服务台全部空闲的概率.

λ_e：有效平均到达率，即期望每单位时间内来到系统（包括未进入系统）的顾客数.

7.1.5 排队论研究的问题与 Little 公式

1. 排队论研究的问题

排队论研究的问题按性质分成三类：性态问题、统计问题和优化问题.

（1）**性态问题**. 即研究各种排队系统的概率规律性，主要研究队长分布、等待时间分布和忙期分布等，了解系统运行的基本特征. 这是通过运用数学模型对真实系统做不同程度的理想化来达到的，包括瞬态和稳态两种情形.

（2）**统计问题**. 统计研究的目的在于为真实系统建立数学模型. 通过数据分析、参数估计、假设检验等统计研究，判断一个给定的排队系统符合于哪种模型，以便根据排队理论进行分析研究.

（3）**优化问题**. 优化研究包括优化设计与优化运营，其基本目的是使系统处于最优或最合理的状态. 前者是指设计一个未来的排队系统并使适当的数量指标最优化；后者是指控制一个排队系统，使之最有效地运行.

2. 李特尔（Little）公式

对于 $L, L_q, \lambda_e, W, W_q$ 之间的关系，李特尔（John D.C.Little）建立了相关的关系式. 在系统达到稳态时，假定有效平均到达率为 λ_e，则有下面的公式：

$$L = \lambda_e W，\tag{7-1}$$

$$L_q = \lambda_e W_q.\tag{7-2}$$

假定平均服务时间为常数 $\frac{1}{\mu}$，则有

$$W = W_q + \frac{1}{\mu}，\tag{7-3}$$

$$L = L_q + \frac{\lambda_e}{\mu}.\tag{7-4}$$

因此，只要知道 λ_e 和 L, L_q, W, W_q 四者之一，其余三个就可由 Little 公式求得.

对于平均队长和平均等待队长，可用下列公式计算.

$$L = \sum_{n=0}^{\infty} nP_n , \tag{7-5}$$

$$L_q = \sum_{n=s}^{\infty} (n-s)P_n = \sum_{n=0}^{\infty} nP_{s+n} . \tag{7-6}$$

7.2 泊松输入——指数服务排队模型

本节讨论输入过程服从泊松分布、服务时间服从负指数分布的排队模型.

7.2.1 M/M/s/∞ 系统

该系统可称为顾客来源无限、队长不受限制的排队系统. 当 $s=1$ 时为单台系统，当 $s>1$ 时为多台系统. 若系统内的顾客数为 $n>s$，则 $n-s$ 个顾客在等待服务.

下面分别给出一个服务台（$s=1$）和多个服务台（$s>1$）排队系统各项数量指标的计算公式.

1. $s=1$ 的情况

$$\rho = \frac{\lambda}{\mu} , \tag{7-7}$$

$$P_0 = 1 - \rho , \tag{7-8}$$

$$P_n = \rho^n (1-\rho) , \tag{7-9}$$

$$L = \frac{\lambda}{\mu - \lambda} = \frac{\rho}{1-\rho} , \tag{7-10}$$

$$L_q = \frac{\lambda^2}{\mu(\mu-\lambda)} = \frac{\rho^2}{1-\rho} = L\rho , \tag{7-11}$$

$$W = \frac{1}{\mu - \lambda} , \tag{7-12}$$

$$W_q = \frac{\lambda}{\mu(\mu-\lambda)} = W\rho , \tag{7-13}$$

$$P(N > k) = \rho^{k+1} , \tag{7-14}$$

$$P(U > t) = e^{-\mu t(1-\rho)} . \tag{7-15}$$

例 7.2.1 高速公路收费处设有一个收费通道，汽车按照泊松流到达，平均每小时 180 辆，收费时间服从负指数分布，平均每辆车需要 15 秒. 求

（1）车辆到达需等待的概率；

（2）系统内车辆数的期望值和排队等候车辆数的期望值；

（3）每辆车平均逗留时间和平均等待时间；

（4）车辆逗留时间超过 1 分钟的可能性；

（5）系统中有 3 辆车以上的概率；

解 根据题意，这是 M/M/1 系统．先确定参数值．

$$\lambda = 180\, 辆/60\, 分钟 = 3\, 辆/分钟，\quad \mu = \frac{60}{15}\, 辆/分钟 = 4\, 辆/分钟，$$

故服务强度为 $\rho = \dfrac{\lambda}{\mu} = 0.75$，根据公式（7-7）到（7-15），进行下列计算：

（1） $P_{wait} = 1 - P_0 = 1 - (1-\rho) = 0.75$，即收费处有 $\dfrac{3}{4}$ 时间是繁忙的，车辆到达需等待．

（2） $L = \dfrac{\rho}{1-\rho} = \dfrac{\lambda}{\mu - \lambda} = 3$（辆），$L_q = L\rho = 2.25$（辆）．

（3） $W = \dfrac{1}{\mu - \lambda} = \dfrac{1}{4-3} = 1$（分钟），

$$W_q = W\rho = 1 \cdot \frac{3}{4} = \frac{3}{4}（分钟）= 45（秒）.$$

（4） $P(U > 1) = e^{-\mu t(1-\rho)} = e^{-4\cdot 1\cdot(1-0.75)} = e^{-1} = 0.3679$．

（5） $P(N > 3) = \rho^{3+1} = (0.75)^4 = 0.3164$．

2. $s > 1$ 的情况

该系统的服务强度为

$$\rho = \frac{\lambda}{s\mu}，\tag{7-16}$$

则系统的稳定概率可表示为

$$P_0 = \left(\sum_{k=0}^{s-1} \frac{1}{k!}\left(\frac{\lambda}{\mu}\right)^k + \frac{1}{s!(1-\rho)}\left(\frac{\lambda}{\mu}\right)^s \right)^{-1}，\tag{7-17}$$

$$P_n = \begin{cases} \dfrac{1}{n!}\left(\dfrac{\lambda}{\mu}\right)^n P_0, & 1 \leq n \leq s \\[2mm] \dfrac{1}{s!\,s^{n-s}}\left(\dfrac{\lambda}{\mu}\right)^n P_0, & n > s \end{cases}．\tag{7-18}$$

四项主要工作指标为：

$$L_q = \frac{\rho}{s!(1-\rho)^2}\left(\frac{\lambda}{\mu}\right)^s P_0，\tag{7-19}$$

$$L = L_q + \frac{\lambda}{\mu}，\tag{7-20}$$

$$W = \frac{L}{\lambda}，\tag{7-21}$$

$$W_q = \frac{L_q}{\lambda}．\tag{7-22}$$

另外还有

$$P(N \geqslant k) = \sum_{n=k}^{\infty} P_n = \frac{1}{k!(1-\rho)}\left(\frac{\lambda}{\mu}\right)^k P_0. \qquad (7\text{-}23)$$

例 7.2.2 某服务机构有 3 个服务窗口，顾客的到达服从泊松分布，平均每小时到达 54 人，服务时间服从负指数分布，平均每小时服务 24 人，若顾客到达后排成一队，依次向空闲窗口移动购票，这一排队系统可以看作是 M/M/s 排队系统，若顾客到达后在每个窗口各排一队，且进入队列后坚持不换，就形成 3 个队列，这时排队系统可以看作 3 个 M/M/1 系统，试就这两种情况进行比较．

解 对于前一种情况，$\lambda = 54$（人/小时），$\mu = 24$（人/小时），$s = 3$，$\rho = \dfrac{\lambda}{s\mu} = 0.75$．

该服务机构空闲的概率为

$$P_0 = \left(\sum_{n=0}^{s-1} \frac{1}{n!}\left(\frac{\lambda}{\mu}\right)^n + \frac{1}{s!} \cdot \frac{1}{1-\rho}\left(\frac{\lambda}{\mu}\right)^s\right)^{-1} = 0.0748,$$

$$L_q = \frac{\rho}{s!(1-\rho)^2}\left(\frac{\lambda}{\mu}\right)^s P_0 = 1.7 \text{（人）},$$

$$L = L_q + \frac{\lambda}{\mu} = 3.95 \text{（人）},$$

$$W_q = \frac{L_q}{\lambda} = 1.7/54 = 0.0315 \text{（小时）} = 1.89 \text{（分钟）},$$

$$W = \frac{L}{\lambda} = 0.07315 \text{（小时）} = 4.39 \text{（分钟）}.$$

顾客到达后必须等待的概率为

$$P(n \geqslant 3) = 1 - P_0 - P_1 - P_2 = 1 - 0.0748 - \left(\frac{\lambda}{\mu}\right)P_0 - \frac{1}{2!}\left(\frac{\lambda}{\mu}\right)^2 P_0 = 0.57.$$

对于后一种情况，对每个窗口而言，平均到达率 $\lambda_0 = \lambda_1 = \lambda_2 = 54/3 = 18$（人/小时），$\rho = \lambda/\mu = 0.75$，相应指标为

$$P_0 = 1 - \rho = 0.25,$$

$$L = \frac{\lambda}{\mu - \lambda} = 3 \text{（人）},$$

$$L_q = \frac{\rho^2}{1-\rho} = 2.25 \text{（人）},$$

$$W_q = \frac{\lambda}{\mu(\mu-\lambda)} = 7.5 \text{（分钟）},$$

$$W = \frac{1}{\mu - \lambda} = 10 \ (\text{分钟}).$$

顾客到达后必须等待的概率为

$$P(n \geqslant 1) = 1 - P_0 = 0.75.$$

表 7-2   两个排队系统的比较

项目	M/M/3	M/M/1(单队)
空闲的概率	0.0748	0.25（每个服务台）
平均队长	3.95	9（整个系统）
平均等待队长	1.7	2.25（每个服务台）
平均逗留时间	4.39	10
平均等待时间	1.89	7.5
顾客必须等待的概率	0.57	0.75

从表 7-2 中可以看出，单队多服务台系统比多个单队单服务台系统有显著的优越性.

7.2.2   M/M/s/r 系统

现实生活中的很多实际问题，属于顾客来源无限、队长受限制的排队模型，例如医院每天挂 50 个号，第 51 个到达者就会自动离去；理发店内等待的座位都满员时，后来的顾客就会另找其他理发店，等等. 这类模型的特点是当系统内的顾客数已经达到 r 时，再到达的顾客不进入系统，立即离去，另求服务. 这类排队模型记为 M/M/s/r 系统.

下面给出这种模型中各项指标的计算公式.

1. $s=1$ 的情形

服务强度为

$$\rho = \frac{\lambda}{\mu}.$$

稳态概率为

$$P_0 = \begin{cases} \dfrac{1 - \rho}{1 - \rho^{r+1}}, & \rho \neq 1 \\[2mm] \dfrac{1}{r+1}, & \rho = 1 \end{cases}. \tag{7-24}$$

$$P_n = \begin{cases} \rho^n P_0, & \rho \neq 1 \\[2mm] P_0, & \rho = 1 \end{cases} \quad (n \leqslant r). \tag{7-25}$$

平均队长、平均等待队长为

$$L = \begin{cases} \dfrac{\rho}{1-\rho} - \dfrac{(r+1)\rho^{r+1}}{1-\rho^{r+1}}, & \rho \neq 1 \\ \dfrac{r}{2}, & \rho = 1 \end{cases}, \qquad (7\text{-}26)$$

$$L_q = L - (1-P_0). \qquad (7\text{-}27)$$

在系统容量有限的排队系统中，系统空间占满时，新到的顾客不能再进入系统，因此计算的到达率应为有效到达率．由于到达的潜在顾客能进入系统的概率为 $1-P_r$，故系统的有效平均到达率为

$$\lambda_e = \lambda(1-P_r). \qquad (7\text{-}28)$$

根据李特尔公式即可求出 W_q 和 W.

例 7.2.3 某理发店为私人开办并自理业务，店内面积有限，只能安置 4 个座位供顾客等候，一旦满座，后来的顾客不再进店而离开．已知顾客到达服从泊松分布，平均到达速率为 2 人/小时，理发时间平均为 20 分钟/人，服务时间服从负指数分布，求：

（1）顾客一到达就能理发的概率；

（2）系统中顾客数的期望值 L 和排队等待的顾客数的期望值 L_q；

（3）顾客在理发店内逗留时间的期望值 W；

（4）在可能到达的顾客中因客满而离开的概率；

解 由题意知，这是一个 M/M/1/r 系统．

$\lambda = 2$（人/小时），$\mu = \dfrac{60}{20} = 3$（人/小时），$\rho = \dfrac{\lambda}{\mu} = \dfrac{2}{3}$，$r = 4+1 = 5$（人）.

（1）顾客一到达就能理发的概率，即求理发店中无顾客的概率．

由式（7-24）得

$$P_0 = \frac{1-\rho}{1-\rho^{r+1}} = \frac{1-\dfrac{2}{3}}{1-\left(\dfrac{2}{3}\right)^6} = 0.365.$$

（2）由式（7-26）得

$$L = \frac{\rho}{1-\rho} - \frac{(r+1)\rho^{r+1}}{1-\rho^{r+1}} = 1.423 \text{（人）.}$$

由式（7-27）得

$$L_q = L - (1-P_0) = 0.788 \text{（人）.}$$

（3）由李特尔公式和公式（7-28）得

$$W = \frac{L}{\lambda(1-P_r)} = \frac{L}{\lambda(1-\rho^r P_0)} = 44.8 \text{（分钟）.}$$

（4）当系统处于状态 r 时顾客不能进入系统，故 P_r 被称为顾客损失率．当理

发店客满 $r=5$ 时的概率就是顾客损失的概率. 由式（7-25）得

$$P_5 = \rho^5 P_0 = 0.048 .$$

2. $s>1$ 的情形

服务强度为

$$\rho = \frac{\lambda}{s\mu} ,$$

$$P_0 = \begin{cases} \left(\sum_{k=0}^{s} \frac{1}{k!} \left(\frac{\lambda}{\mu} \right)^k + \frac{s^s \rho(\rho^s - \rho^r)}{s!(1-\rho)} \right)^{-1}, \rho \neq 1 \\ \left(\sum_{k=0}^{s} \frac{s^k}{k!} + (r-s) \frac{s^s}{s!} \right)^{-1}, \rho = 1 \end{cases} , \qquad (7\text{-}29)$$

$$P_n = \begin{cases} \frac{1}{n!} \left(\frac{\lambda}{\mu} \right)^n P_0 , & (n = 1,2,...,s) \\ \frac{s^s \rho^n}{s!} P_0, & (n = s+1, s+2,...,r) \end{cases} , \qquad (7\text{-}30)$$

$$L_q = \begin{cases} \frac{\rho}{s!(1-\rho)^2} \left(\frac{\lambda}{\mu} \right)^s \{1 - \rho^{r-s}[1 + (r-s)(1-\rho)]\} P_0, \rho \neq 1 \\ \frac{(r-s)(r-s+1)s^s}{2(s!)} P_0, \rho = 1 \end{cases} , \qquad (7\text{-}31)$$

$$L = L_q + \left(\frac{\lambda}{\mu} \right)(1 - P_r) , \qquad (7\text{-}32)$$

$$\lambda_e = \lambda(1 - P_r) . \qquad (7\text{-}33)$$

W, W_q 可按李特尔公式计算.

特别当 $r=s$ 时，例如影剧院、旅馆、停车场客满就不能等待空位了，这时的公式将简化如下：

$$P_0 = \left(\sum_{k=0}^{s} \frac{1}{k!} \left(\frac{\lambda}{\mu} \right)^k \right)^{-1} , \qquad (7\text{-}34)$$

$$P_n = \frac{1}{n!} \left(\frac{\lambda}{\mu} \right)^n P_0 , \quad (n = 0,1,...,s) , \qquad (7\text{-}35)$$

$$L_q = 0, \quad W_q = 0, \quad W = \frac{1}{\mu} , \qquad (7\text{-}36)$$

$$L = \frac{\lambda}{\mu}(1 - P_s) . \qquad (7\text{-}37)$$

例 7.2.4 某汽车加油站可同时为两辆汽车加油，同时还可容纳三辆汽车等待，超过此限制顾客会自动离去. 汽车到达服从泊松分布，平均每小时到达 32 辆，加油时间服从负指数分布，平均加油时间为每辆 3 分钟，试求：

（1）系统潜在顾客的损失率；

（2）每辆汽车的平均逗留时间.

解 这是一个 M/M/s/r 系统，$s=2$，$r=5$，$\lambda=32$ 辆/小时，$\mu = 60/3 = 20$ 辆/小时，

$$\rho = \frac{\lambda}{s\mu} = \frac{32}{2 \cdot 20} = 0.8 .$$

由公式（7-29）、（7-30），代入数据得

$$P_0 = \left(\sum_{k=0}^{s} \frac{1}{k!} \left(\frac{\lambda}{\mu} \right)^k + \frac{s^s \rho (\rho^s - \rho^r)}{s!(1-\rho)} \right)^{-1} = 0.156775,$$

$$P_1 = \frac{\lambda}{\mu} P_0 = 0.25084,$$

$$P_2 = \left(\frac{\lambda}{\mu} \right)^2 \times \frac{1}{2!} P_0 = 0.200672,$$

$$P_3 = \frac{s^s}{s!} \rho^3 P_0 = 0.160538,$$

$$P_4 = 0.12843,$$

$$P_5 = 0.102744.$$

P_5 即系统潜在顾客的损失率.

按公式（7-31）、（7-32）计算 L_q、L，得 $L_q=0.7257$（辆），$L=2.1612$（辆）.

根据 Little 公式和公式（7-33），得

$$W = \frac{L}{\lambda_e} = \frac{L}{\lambda(1-P_r)} \approx 0.075 \ \text{（小时）} = 4.5 \text{（分钟）}$$

即每辆汽车平均逗留 4.5 分钟.

7.3 排队系统的最优化问题

从经济角度考虑，排队系统的费用应该包含以下两个方面：一个是服务费用，它是服务水平的递增函数；另一个是顾客等待的机会损失(费用)，它是服务水平的递减函数. 两者的总和呈一条 U 形曲线. 系统最优化的目标就是寻求上述合成费用曲线的最小点. 在这种意义下，排队系统的最优化问题通常分为两类：系统设计最优化和系统控制最优化. 前者称为静态问题，目的在于使服务机构达到最大效益，或者说，在保证一定服务质量指标的前提下，要求服务机构最为经济；后者称为动态问题，是指一个给定的排队系统，如何运营可使某个目标函数得到最优.

由于系统动态最优控制问题涉及更多的数学知识，因此，本节只讨论系统静态的最优设计问题．这类问题一般可以借助于前面所得到的一些表达式来解决．

本节仅就 μ, s 这两个决策变量的分别单独优化，介绍两个较简单的模型，以便读者了解排队系统优化设计的基本思想．

7.3.1 M/M/1/∞ 系统的最优平均服务率 μ^*

设：c_s ——当 $\mu = 1$ 时服务机构单位时间的平均费用；c_L ——平均每个顾客在系统逗留单位时间的损失；z ——整个系统单位时间的平均总费用，为单位时间服务成本与顾客在系统逗留费用之和．

其中 c_s, c_L 均为可知．则目标函数为

$$\min z = c_s \mu + c_L L, \tag{7-38}$$

将（7-10）式，即 $L = \dfrac{\lambda}{(\mu - \lambda)}$，代入上式，得

$$z = c_s \mu + c_L \lambda \frac{1}{(\mu - \lambda)}.$$

易见 z 是关于决策变量 μ 的一元非线性函数，由一阶条件

$$\frac{\mathrm{d}z}{\mathrm{d}\mu} = c_s - c_L \lambda \frac{1}{(\mu - \lambda)^2} = 0 ,$$

解得驻点

$$\mu^* = \lambda + \sqrt{c_L \lambda / c_s} . \tag{7-39}$$

根号前取正号是为了保证 $\rho < 1$，即 $\mu^* > \lambda$，这样系统才能达到稳态．又由二阶条件

$$\frac{\mathrm{d}^2 z}{\mathrm{d}\mu^2} = \frac{2 c_L \lambda}{(\mu - \lambda)^3} > 0 \quad (因 \mu > \lambda),$$

可知（7-39）式给出的 μ^* 为 (λ, ∞) 上的全局唯一最小点．将 μ^* 代入（7-38）式中．可得最小总平均费用

$$z^* = c_s \lambda + 2\sqrt{c_s c_L \lambda} . \tag{7-40}$$

例 7.3.1 某厂医务室同时只能诊治一个病人，诊治时间服从负指数分布.到医务室就诊的职工按泊松分布到达，平均每小时到达 3 人．若平均每个职工停工一小时会给工厂造成 30 元损失，医务室每小时的单位服务成本为 40 元．求该医务室的最优平均诊疗率．

解 这是一个典型的为 M/M/1 系统设计最优服务率的问题．其中 $c_s = 40$ 元/小时；$c_L = 30$ 元/小时；$\lambda = 3$ 人/小时．

由式 $\mu^* = \lambda + \sqrt{\dfrac{c_L \lambda}{c_s}}$，得

$$\mu^* = 3 + \sqrt{\frac{30 \times 3}{40}} = 4.5 \quad (人/小时).$$

即最优服务率为 4.5 人/小时.

7.3.2 M/M/s/∞ 系统的最优务台数 s^*

排队系统中增加服务台数目,可以提高服务水平,但会增加与之相关的费用. 下面以 M/M/s 模型为例,研究在稳态情形下,如何确定使得单位时间全部费用(服务成本与等待费用之和)的期望值最小的最优服务台数 s^*. 目标函数为

$$\min z(s) = c_s s + c_L L(s), \tag{7-41}$$

其中:s——并联服务台的个数(待定);$z(s)$——整个系统单位时间的平均总费用,它是关于服务台数 s 的函数;c_s——单位时间平均每个服务台的费用;c_L——平均每个顾客在系统中逗留单位时间的损失;$L(s)$——平均队长,它是关于服务台数 s 的函数.

我们要确定最优服务台数 $s^* \in \{1, 2 \ldots\}$ 使

$$z(s^*) = \min z(s) = c_s s + c_L L(s).$$

由于 s 取值离散,不能采用微分法或非线性规划的方法,因此我们采用边际分析法. 根据是 $z(s^*)$ 最小的特点,有

$$\begin{cases} z(s^*) \leqslant z(s^* - 1) \\ z(s^*) \leqslant z(s^* + 1) \end{cases}. \tag{7-42}$$

把(7-41)式代入(7-42)式中,得

$$\begin{cases} c_s s^* + c_L L(s^*) \leqslant c_s(s^* - 1) + c_L L(s^* - 1) \\ c_s s^* + c_L L(s^*) \leqslant c_s(s^* + 1) + c_L L(s^* + 1) \end{cases}.$$

由此可得

$$L(s^*) - L(s^* + 1) \leqslant \frac{c_s}{c_L} \leqslant L(s^* - 1) - L(s^*).$$

令

$$\theta = \frac{c_s}{c_L}, \tag{7-43}$$

依次计算 $s=1$,2,…时的 $L(s)$ 值及每一差值 $L(s) - L(s+1)$,根据 θ 落在哪两个差值之间就可以确定 s^*.

例 7.3.2 某厂仓库负责向全厂工人发放材料. 已知领料工人按泊松流到达,平均每小时来 40 人,发放时间服从负指数分布,平均值为 2 分钟,每个工人去领料所造成的停工损失为每小时 300 元,仓库管理员每人每小时服务成本为 25 元. 问该仓库应配备几名管理员才能使总费用期望值最小?

解 由题意知，$\lambda = 40$ 人/小时，$\mu = 60/2 = 30$ 人/小时，$c_s = 25$ 元，$c_L = 300$ 元，$\dfrac{\lambda}{\mu} = \dfrac{4}{3}$，$\rho = \dfrac{\lambda}{s\mu} = \dfrac{4}{3s}$. 将 $\dfrac{\lambda}{\mu}$，ρ 代入公式（7-17）、（7-19）、（7-20）得

$$P_0 = \left[\sum_{k=0}^{s-1} \frac{1}{k!}\left(\frac{4}{3}\right)^k + \frac{1}{s!}\frac{1}{1-\dfrac{4}{3s}}\left(\frac{4}{3}\right)^s\right]^{-1},$$

$$L(s) = L_q + \frac{\lambda}{\mu} = \frac{\left(\dfrac{4}{3}\right)^s\left(\dfrac{4}{3s}\right)}{s!\left(1-\dfrac{4}{3s}\right)^2}P_0 + \frac{4}{3}.$$

当 $s=1$ 时，$\rho = \dfrac{4}{3} > 1$，不满足系统达到稳态的条件 $\rho < 1$，此时 $L(1) \to \infty$.

依次计算 $s = 2,3,4,5$ 时的 $L(s)$ 及其差值 $L(s) - L(s+1)$，见表 7-3.

表 7-3

s	$L(s)$	$L(s) - L(s+1)$
1	∞	
2	2.4	0.922
3	1.478	0.119
4*	1.359	0.021
5	1.338	

由于 $\dfrac{c_s}{c_L} = \dfrac{1}{12} = 0.083$ 在区间 $(0.021, 0.119)$ 之间，故 $s^* = 4$ 时总费用最小，即该仓库应配备 4 名管理员才能使总费用最小.

7.4 Lingo 软件求解排队模型

7.4.1 M/M/s 排队模型的基本参数及应用举例

1. 顾客等待的概率:Pwait=@peb(load,S),
其中 S 是服务台的个数，load=lambda/mu，lambda 是顾客的平均到达率，mu 是平均服务率.
2. 顾客的平均等待时间：Wq= Pwait/mu/(S-load),
3. 顾客的平均逗留时间、队长和等待队长（Little 公式）

$$W = W_q + \frac{1}{\mu} = W_q + T, \quad L = \lambda \cdot W, \quad L_q = \lambda \cdot W_q.$$

例 7.4.1 用 Lingo 软件求解例 7.2.1.

编写 Lingo 程序如下：

```
S=1;lambda=3;mu=4;load=lambda/mu;
Pwait=@peb(load,S);
W_q=Pwait/mu/(S-load);
L_q=lambda*W_q;
W=W_q+1/mu;
L=lambda*W;
P0=1-load;
```

应用 Lingo 软件求解，运行结果如下：

Variable	Value
S	1.000000
LAMBDA	3.0000
MU	4.000000
LOAD	0.7500000
PWAIT	0.7500000
W_Q	0.7500000
L_Q	2.250000
W	1.000000
L	3.000000
P0	0.2500000

由运行结果可知，该高速公路收费处的有关运行指标如下：

车辆到达需等待的概率为 0.75，系统中的平均车辆数为 3 辆，等待的平均车辆数为 2.25 辆，车辆在系统中的平均逗留时间为 1 分钟，平均等待时间为 0.75 分钟，即 45 秒.

例 7.4.2 用 Lingo 软件求解例 7.2.2.

单队多服务台的情况

编写 Lingo 程序如下：

```
sets:
 num/3/:S,Pwait,W_q,L_q,W,L;
endsets
data:
   s=3;
   enddata
lambda=0.9;mu=0.4;load=lambda/mu;
@for(num:
   Pwait=@peb(load,S);
   W_q=Pwait/mu/(S-load);
```

```
L_q=lambda*W_q;
W=W_q+1/mu;
L=lambda*W;
);
```

应用 Lingo 软件求解，运行结果如下：

```
Variable              Value
LAMBDA                0.9000000
MU                    0.4000000
LOAD                  2.250000
S(3)                  3.000000
PWAIT(3)              0.5677570
W_Q(3)                1.892523
L_Q(3)                1.703271
W(3)                  4.392523
L(3)                  3.953271
```

由运行结果可知，在单队多服务台情况下，该服务机构的有关运行指标如下：

顾客到达需等待的概率为 0.5677570，系统中的平均顾客数为 3.953271 人，等待的平均顾客数为 1.703271 人，顾客在系统中的平均逗留时间为 4.392523 分钟，平均等待时间为 1.892523 分钟.

3 个单队单服务台情况

编写 Lingo 程序如下：

```
S=1;lambda=0.3;mu=0.4;load=lambda/mu;
Pwait=@peb(load,S);
W_q=Pwait/mu/(S-load);
L_q=lambda*W_q;
W=W_q+1/mu;
L=lambda*W;
P0=1-load;
```

应用 Lingo 软件求解，运行结果如下：

```
Variable       Value
S              1.000000
LAMBDA         0.3000000
MU             0.4000000
LOAD           0.7500000
PWAIT          0.7500000
W_Q            7.500000
L_Q            2.250000
W              10.00000
L              3.000000
```

P0   0.2500000

由运行结果可知，在 3 个单队单服务台情况下，该服务机构的有关运行指标如下：

顾客到达需等待的概率为 0.75，系统中的平均顾客数为 9 人（整个系统），等待的平均顾客数为 2.25 人（每个服务台），顾客在系统中的平均逗留时间为 10 分钟，平均等待时间为 7.5 分钟.

7.4.2 M/M/*s*/*r* 排队模型应用举例

例 7.4.3 用 Lingo 软件求解例 7.2.3.

编写 Lingo 程序如下：

```
model:
sets:
state/1..5/:p;
endsets
lamda=2;mu=3;rho=lamda/mu;k=5;
lamda*p0=mu*p(1);
(lamda+mu)*p(1)=lamda*p0+mu*p(2);
@for(state(i)|i #gt#1 #and# i #lt#
k:(lamda+mu)*p(i)=lamda*p(i-1)+mu*p(i+1));
lamda*p(k-1)=mu*p(k);
p0+@sum(state:p)=1;
P_lost=p(k);lamda_e=lamda*(1-P_lost);
L=@sum(state(i)|i #le#k:i*p(i));
L_q=L-(1-p0);
W=L/lamda_e;
W_q=W-1/mu;
end
```

应用 Lingo 软件求解，运行结果如下：

Variable	Value
LAMDA	2.000000
MU	3.000000
RHO	0.666666
K	5.000000
P0	0.3654135
P_LOST	0.4812030E-01
LAMDA_E	1.903759
L	1.422556
L_Q	0.7879699
W	0.7472354
W_Q	0.4139021

```
P( 1)          0.2436090
P( 2)          0.1624060
P( 3)          0.1082707
P( 4)          0.7218045E-01
P( 5)          0.4812030E-01
```
由运行结果可知，该理发店的有关运行指标如下：

顾客到达就能理发的概率为 0.3654135，系统中的平均顾客数为 1.422556 人，等待的平均顾客数为 0.7879699，顾客在理发店内逗留时间的期望值为 0.7472354 小时，等待时间的期望值为 0.4139021 小时.在可能到达的顾客中因客满而离开的概率就是系统有 5 个顾客的概率，即：0.0481203.

例 7.4.4　用 Lingo 软件求解例 7.2.4.

```
model:
sets:
state/1..5/:p;
endsets
lamda=32;mu=20;rho=lamda/mu;s=2;k=5;
lamda*p0=mu*p(1);
(lamda+mu)*p(1)=lamda*p0+2*mu*p(2);
@for(state(i)|i #gt#1 #and# i #lt# s:
(lamda+i*mu)*p(i)=lamda*p(i-1)+(i+1)*mu*p(i+1));
@for(state(i)|i #ge# s #and# i #lt# k:
(lamda+s*mu)*p(i)=lamda*p(i-1)+s*mu*p(i+1));
lamda*p(k-1)=s*mu*p(k);
p0+@sum(state:p)=1;
P_lost=p(k);lamda_e=lamda*(1-P_lost);
L=@sum(state(i):i*p(i));
L_q=L-lamda_e/mu;
W=L/lamda_e;
W_q=W-1/mu;
```
应用 Lingo 软件求解，运行结果如下：

Variable	Value
LAMDA	32.00000
MU	20.00000
RHO	1.600000
S	2.000000
K	5.000000
P0	0.1567752
P_LOST	0.1027442
LAMDA_E	28.71219
L	2.161240
L_Q	0.7256309

```
W                    0.7527257E-01
W_Q                  0.2527257E-01
P( 1)                0.2508403
P( 2)                0.2006723
P( 3)                0.1605378
P( 4)                0.1284302
P( 5)                0.1027442
```

由运行结果可知,该加油站的有关运行指标如下:

车辆到达就能加油的概率为 0.1567752,系统中的车辆数为 2.161240 辆,等待的平均车辆数为 0.7256309,车辆在加油站内逗留时间的期望值为 0.07527257 小时,即 4.5 分钟,等待时间的期望值为 0.02527257 小时,即 1.5 分钟.在可能到达的车辆中因客满而离开的概率就是系统中有 5 个顾客的概率 P(5),即系统潜在顾客的损失率为 0.1027442.

习题 7

1. 思考题

(1) 排队论主要研究的问题是什么?

(2) 试述排队模型的种类及各部分的特征.

(3) Kendall 符号 X/Y/Z/A/B/C 中各字母分别代表什么意义?

(4) 如何对排队系统进行优化(服务率,服务台数量)?

2. 一个单人理发店,顾客到达服从泊松分布,平均到达时间间隔为 15 分钟,理发时间服从负指数分布,平均时间为 15 分钟.求:

(1) 理发店内无顾客的概率;

(2) 有 n 个顾客在理发店内的概率;

(3) 理发店内顾客的平均数和排队等待的平均顾客数;

(4) 顾客在理发店内的平均逗留时间和平均等待时间.

3. 某修理部有一名电视修理工,来此修理电视的顾客到达为泊松流,平均间隔为 40 分钟,修理时间服从负指数分布,平均时间为 30 分钟.求:

(1) 顾客不需要等待的时间;

(2) 修理部内要求维修电视的平均顾客数;

(3) 到修理部内维修电视顾客的平均逗留时间;

(4) 如果顾客平均逗留时间超过 1.5 小时,则需要增加维修人员或设备.问顾客到达率超过多少小时,需要考虑此问题?

4. 某订票点提供火车票电话预订服务,订票点有 1 台电话机,有一位服务人员接听电话,假定打电话订票的顾客数服从泊松流,每小时有 6 个订票电话;通话时间服从负指数分布,平均订票时间需要 4 分钟.试求:

(1) 电话线路闲和繁忙的概率;

（2）系统内有 2 名订票顾客的概率；

（3）系统内顾客平均数；

（4）系统内顾客在线等待的平均数；

（5）顾客在线上的平均逗留时间；

（6）顾客的平均等待服务时间．

5. 平均每小时有六列货车到达某货站，服务率为每小时两列，问要设计多少个站台才能使货车等待卸车的概率不大于 0.05？设该系统为 M/M/s 排队模型．

6. 某汽车加油站只有一台加油泵，且场地至多只能容纳 3 辆汽车，当站内场地占满车时，到达的汽车只能去别处加油．汽车的到达为泊松流，每 8 分钟一辆车，服务为负指数分布，每 4 分钟一辆车．加油站有机会租赁毗邻的一块空地，以供多停放一辆前来加油的车，租地费用每周 120 元，从每个顾客那里期望净收益 10 元．设该站每天开放 10 小时，问租借场地是否有利？

7. 理发馆可同时为两人理发，另外有三把椅子供顾客等待，当全部坐满后，后来者便自动离去．顾客到达间隔和理发时间均为相互独立的指数分布，平均每小时到达 3 人，理发时间为 20 分钟．试求潜在顾客的损失率和平均逗留时间．

8. 银行有三个窗口办理个人储蓄业务，顾客到达服从泊松流，到达速率为 1 人/分钟，办理业务时间服从负指数分布，每个窗口的平均服务速率为 0.4 人/分钟．顾客到达后取得一个排队号，依次由空闲窗口按号码顺序办理储蓄业务．求：

（1）所有窗口都空闲的概率；

（2）平均队长；

（3）平均等待时间；

（4）顾客到达后必须等待的概率．

9. 兴建一座港口码头，只有一个装卸船只的泊位．要求设计装卸能力，装卸能力单位为（只/日）船数．已知：单位装卸能力的平均生产费用 2 千元，船只逗留每日损失 1.5 千元．船只到达服从泊松分布，平均速率 3 只/日，船只装卸时间服从负指数分布，目标是每日总支出最少．

10. 某检验中心为各工厂提供仪器检验服务，需要检验的仪器到来服从泊松流，平均到达率 λ 为每天 48 次，每次来检验由于停工等原因损失为 100 元．服务（作检验）时间服从负指数分布，平均服务率 μ 为每天 25 次，每设置 1 个检验员服务成本（工资及设备损耗）为每天 40 元．问应设几个检验员才能使平均总费用为最小？

案 例 分 析

案例 1：物资发放问题

某工厂仓库为了研究发放某种物资应设几个窗口，对于领取和发放情况分别做了以下调查记录：以 10 分钟为一段，记录了 100 段时间内每段到来领取工具的人数，见表 7-4；记录了 1000 次发放物资所用时间，见表 7-5.

试求：（1）平均到达率和平均服务率.

（2）若假设到来的人数服从参数 $\lambda=1.6$ 的泊松分布，服务时间服从参数 $\mu=0.9$ 的负指数分布，这个假设是否合理？利用统计学的方法证明 μ.

（3）只设一个服务窗口是否可以，说明原因.分别就服务窗口数 $s=2,3,4$ 的情况计算等待时间 μ.

（4）设领取物资的工人等待的费用损失为每小时 12 元，发放物资的窗口费用为每小时 6 元，每天按 8 小时计算，问应设几个窗口使总费用损失为最小？

表 7-4

每 10 分钟内领取物资人数	次数
5	1
6	0
7	1
8	1
9	1
10	2
11	4
12	6
13	9
14	11
15	12
16	13
17	10
18	9
19	7
20	4
21	3
22	3
23	1
24	1
25	1
合计	100

表 7-5

发放时间（秒）	次数
15	200
30	175
45	140
60	104
75	78
90	69
105	51
120	47
135	38
150	30
165	16
180	12
195	10
210	7
225	9
240	9
255	3
270	1
285	1
合计	1000

案例 2：实践调研计划

分组制定实践调研计划，选定一个排队系统，如食堂、超市、银行、高速公路收费站等，做以下工作：

（1）记录该排队系统中一个时间段内（1 小时，半小时，10 分钟），顾客到达的数量，分多次记录，每次记录一个时间段，然后计算平均到达率.

（2）记录该排队系统中一个时间段内（1 小时，半小时，10 分钟），接受服务的顾客数量，分多次记录，每次记录一个时间段，然后计算平均服务率.

（3）计算相关参数，并进一步计算该排队系统的各数量指标.

（4）依据计算结果对排队系统进行评价和分析.

（5）根据实际情况，对该排队系统提出积极的建议，并论证其可行性.

最终完成一篇研究、分析报告.

第8章　决策论

本章学习目标

- 了解决策的基本概念
- 了解决策问题的基本类型
- 熟练掌握决策问题的建模及分析

8.1　决策的基本概念

8.1.1　决策的定义

著名的诺贝尔经济学家获奖者西蒙（H.A.Simon）有一句名言："管理就是决策，管理的核心就是决策". 所谓决策就是指人们为了实现某一特定系统的目标，从所有可供选择的多个方案中，找出一个最优方案的过程.

例 8.1.1　一农业公司选择种植某种农作物，有Ⅰ、Ⅱ、Ⅲ三种方案可供选择. 根据经验，该农作物的市场销路有好、一般、差三种状态，它们发生的概率分别为 0.3、0.5、0.2. 第 i 种方案在第 j 种状态下的收益值 a_{ij} 如表 8-1 所示，如 $a_{13}=15$，指采用第Ⅰ种方案生产时，该农作物销路若为第三种状态——销路差，其收益值 1 年为 15 万元. 问该公司应采用何种方案，使其收益期望值最大？

表 8-1　　　　　　　　　　　　　　　　　　　单位：万元

方案	自然状态及概率		
	好（发生概率为 0.3）	一般（发生概率为 0.5）	差（发生概率为 0.2）
Ⅰ	50	30	15
Ⅱ	40	35	25
Ⅲ	30	30	28

这就是一个典型的决策问题.

8.1.2　决策要素及模型

决策要素是指对决策结果可能产生影响的一些主要因素，一般有下列五个基本要素构成.

（1）决策者：一个人或团体.

（2）可行方案：根据条件可以考虑和采取的方案，记为 S_k.

（3）自然状态：每一个行动方案可能遇到的情况，是决策者无法控制的因素，记为 N_i. 各种自然状态出现的概率，记为 $p_i = P(N_i)$.

（4）行为准则：不同决策者所具备的不同决策原则.

（5）损益矩阵：由每个方案在不同的自然状态下所得的损益值构成的数表，元素用 a_{ij} 表示，是指在状态 N_j 下做出决策 S_i 的损益值.

由上述要素构成的决策问题，可以表示为如表 8-2 所示的数学模型.

表 8-2

方案	不同状态下及概率下的损益			
	$N_1(p_1)$	$N_2(p_2)$	$\cdots$	$N_n(p_n)$
S_1	a_{11}	a_{12}	$\cdots$	a_{1n}
S_2	a_{21}	a_{22}	$\cdots$	a_{2n}
$\vdots$	$\vdots$	$\vdots$		$\vdots$
S_m	a_{m1}	a_{m2}	$\cdots$	a_{mn}

8.1.3 决策模型的分类

根据自然状态的情况，决策问题可分为确定型决策问题、不确定型决策问题和风险型决策问题. 若状态完全确定，则称为确定型决策问题；若无法确定状态发生的概率，这类问题称为不确定型决策问题；如果决策者已经得知各自然状态发生的概率，则称该决策问题为风险型决策问题.

8.2 不确定型决策

在一些决策问题中，决策者对可能出现的不同自然状态缺乏必要的信息，无法确定自然状态发生的概率，这类问题就是不确定型决策问题.

例 8.2.1 某手机厂面对激烈的市场竞争，拟制定利用先进技术对机型改型的计划，现有三个改型方案可供选择：Ⅰ、提高图像质量；Ⅱ、提高图像质量并增强画面功能；Ⅲ、提高图像和音响质量. 根据市场需求调查，该厂手机面临高需求 8% 左右的购买者、一般需求 6% 左右的购买者与低需求 4% 左右的购买者三种自然状态. 在这三种自然状态下不同的改型方案所获得的收益不一样，表 8-3 给出了预期收益的情况.

174

实用运筹学

表 8-3 单位：万元

表 8-3　　　　　　　　　　　　　　　　　　　　　　单位：万元

方案	自然状态		
	高需求 N_1	一般需求 N_2	低需求 N_3
I	50	30	20
II	80	40	0
III	120	20	-40

这是一个不确定型决策问题. 在这个决策问题中，状态集 $N = \{N_1, N_2, N_3\}$，方案集 $S = \{I, II, III\}$，收益矩阵 $A = (a_{ij}) = \begin{pmatrix} 50 & 30 & 20 \\ 80 & 40 & 0 \\ 120 & 20 & -40 \end{pmatrix}$.

在明确了自然状态、方案和收益矩阵后，只要给定决策准则，便可做出决策. 在该问题中，由于缺乏市场需求的进一步信息，因而不同的决策者根据其主观意识和处理问题的态度而遵循不同的决策准则. 下面介绍决策者进行决策时采用的决策准则.

1. 悲观准则（最大最小准则）

该准则反映决策者对决策问题持保守态度，为保险起见，对每个方案先找出其最不利状态下的收益，然后从中选取收益最大的方案作为决策方案. 对例 8.2.1 采用悲观准则进行决策，计算如表 8-4 所示. 从表中可看出方案 I 是最优决策方案.

表 8-4　　　　　　　　　　　　　　　　　　　　　　单位：万元

方案	高需求 N_1	一般需求 N_2	低需求 N_3	$\min\limits_{1\leqslant j\leqslant 3} a_{ij}$
I	50	30	20	20
II	80	40	0	0
III	120	20	-40	-40
决策	$\max\limits_{1\leqslant i\leqslant 3}\{\min\limits_{1\leqslant j\leqslant 3} a_{ij}\}$			20

2. 乐观准则（最大最大准则）

该准则反映决策者对决策问题持乐观态度，因而对每个方案先找出其最大收益，然后从这些最大收益中再选取收益最大的方案作为决策方案. 对例 8.2.1 采用乐观准则进行决策，计算如表 8-5 所示. 从表中可看出方案 III 是最优决策方案.

表 8-5　　　　　　　　　　　　　　　　　　　　　　　　　　　　　　单位：万元

方案	高需求 N_1	一般需求 N_2	低需求 N_3	$\max\limits_{1\leqslant j\leqslant 3} a_{ij}$
Ⅰ	50	30	20	50
Ⅱ	80	40	0	80
Ⅲ	120	20	-40	120
决策	$\max\limits_{1\leqslant i\leqslant 3}\{\max\limits_{1\leqslant j\leqslant 3} a_{ij}\}$			120

3. 折中准则

折中准则介于乐观准则与悲观准则之间，用折中的方法进行决策．该准则要求决策者根据经验为各种可能出现的最大收益确定一个乐观系数 α（$0\leqslant\alpha\leqslant 1$），并利用乐观系数对每个方案计算折中值，然后，从中选取折中值最大的方案为最优决策方案，其具体公式是：

方案折中收益 $CV=\alpha\times$ 方案最大收益 $+(1-\alpha)\times$ 方案最小收益

显然，折中收益 CV 越大，方案越优；α 愈趋近于 1，表示决策者愈乐观，反之则愈悲观．

对例 8.2.1，假如决策者取乐观系数 $\alpha=0.6$，则各方案折中收益如表 8-6 所示．由表可知，方案Ⅲ是最优决策方案．

表 8-6　　　　　　　　　　　　　　　　　　　　　　　　　　　　　　单位：万元

方案	最大收益	最小收益	折中收益
Ⅰ	50	20	$CV_1=0.6\times 50+0.4\times 20=38$
Ⅱ	80	0	$CV_2=0.6\times 80+0.4\times 0=48$
Ⅲ	120	-40	$CV_3=0.6\times 120+0.4\times(-40)=56$
决策	$\max\limits_{1\leqslant i\leqslant 3}\{CV_i\}$		56

4. 后悔值准则

后悔值准则是一种使后悔值最小的准则．当决策者选定决策方案后，发现所选方案并非最优方案，必然会后悔．这种后悔，实际上是一种机会损失．一定自然状态下所选方案的收益值与该状态下最优方案的收益值之差越大，后悔就越强烈．因此把某自然状态下最大收益与该状态下各方案收益之差，称为该状态下各方案的后悔值，即在某自然状态下，

方案的后悔值=最大收益−方案收益

在做决策时，先计算出各种自然状态下各方案的后悔值，然后从各方案的最大后悔值中，选取后悔值最小的方案为最优方案．

对例 8.2.1 采用后悔值准则进行决策，计算如表 8-7 所示．从表中可看出，方

案 II 是最优决策方案.

表 8-7 　　　　　　　　　　　　　　　　单位：万元

后悔值 r_{ij} ＼ 状态　　方案	高需求 N_1	一般需求 N_2	低需求 N_3	$\max\limits_{1 \leqslant j \leqslant 3} r_{ij}$
I	$120 - 50$	$40 - 30$	$20 - 20$	70
II	$120 - 80$	$40 - 40$	$20 - 0$	40
III	$120 - 120$	$40 - 20$	$20 + 40$	60
决策	$\min\limits_{1 \leqslant i \leqslant 3} \{ \max\limits_{1 \leqslant j \leqslant 3} r_{ij} \}$			40

5. 等概率准则

该准则假定各种自然状态出现的可能性（概率）是相等的，在这种条件下利用同等概率来计算各个可行方案的期望收益（收益的均值），具有最大期望收益的方案就是最优方案. 对例 8.2.1 采用等概率准则进行决策，计算如表 8-8 所示. 从表中可看出，方案 II 是最优决策方案.

表 8-8 　　　　　　　　　　　　　　　　单位：万元

方案	高需求 N_1	一般需求 N_2	低需求 N_3	期望收益 d_i
I	50	30	20	(50+30+20)/3=33.3
II	80	40	0	(80+40+0)/3=40
III	120	20	-40	(120+20-40)/3=33.3
决策	$\max\limits_{1 \leqslant i \leqslant 3} d_i$			40

例 8.2.2 某公司计划进行一项投资，有五种方案可供选择. 投资时面临五种状态，即很好、好、一般、较差、差，每种自然状态发生的概率无法预知. 经测算，这五种方案在不同自然状态下的收益如表 8-9 所示，该公司应如何对这项投资进行决策？

表 8-9 　　　　　　　　　　　　　　　　单位：万元

方案 ＼ 状态	很好	好	一般	较差	差
1	1200	680	320	-200	-880
2	900	590	280	50	-350
3	1500	850	460	-400	-1210
4	1400	920	380	-270	-790
5	1850	1020	460	-660	-1600

解　(1)按悲观准则进行决策,计算结果见表 8-10．筛选的最优方案是方案 2．

表 8-10　　　　　　　　　　　　　　　　　　　　　　单位：万元

方案＼状态	很好	好	一般	较差	差	最小收益 $\min_{1 \leqslant j \leqslant 5} a_{ij}$
1	1200	680	320	−200	−880	−880
2	900	590	280	50	−350	−350
3	1500	850	460	−400	−1210	−1210
4	1400	920	380	−270	−790	−790
5	1850	1020	460	−660	−1600	−1600
决策	$\max_{1 \leqslant i \leqslant 5} \{\min_{1 \leqslant j \leqslant 5} a_{ij}\}$					−350

（2）按乐观准则进行决策，计算结果见表 8-11．筛选的最优方案是方案 5．

表 8-11　　　　　　　　　　　　　　　　　　　　　　单位：万元

方案＼状态	很好	好	一般	较差	差	最大收益 $\max_{1 \leqslant j \leqslant 5} a_{ij}$
1	1200	680	320	−200	−880	1200
2	900	590	280	50	−350	900
3	1500	850	460	−400	−1210	1500
4	1400	920	380	−270	−790	1400
5	1850	1020	460	−660	−1600	1850
决策	$\max_{1 \leqslant i \leqslant 5} \{\max_{1 \leqslant j \leqslant 5} a_{ij}\}$					1850

（3）按折中准则进行决策．计算各方案的折中收益(假设取乐观系数 $\alpha = 0.6$)，结果见表 8-12．筛选的最优方案是方案 4．

表 8-12　　　　　　　　　　　　　　　　　　　　　　单位：万元

方案	最大收益	最小收益	折中收益
1	1200	−880	$CV_1 = 0.6 \times 1200 + 0.4 \times (−880) = 368$
2	900	−350	$CV_2 = 0.6 \times 900 + 0.4 \times (−350) = 400$
3	1500	−1210	$CV_3 = 0.6 \times 1500 + 0.4 \times (−1210) = 416$
4	1400	−790	$CV_4 = 0.6 \times 1400 + 0.4 \times (−790) = 524$
5	1850	−1600	$CV_5 = 0.6 \times 1850 + 0.4 \times (−1600) = 470$
决策	$\max_{1 \leqslant i \leqslant 5} \{CV_i\}$		524

（4）按后悔值准则进行决策. 计算各方案的后悔值，即将每种自然状态下的最大收益减去该自然状态下各方案的收益，计算结果见表 8-13. 可见，各方案的最大后悔值中最小值对应的方案为方案 4，其后悔值为 450 万元，故方案 4 为最优方案.

表 8-13　　　　　　　　　　　　　　　　　　　单位：万元

状态 方案	很好	好	一般	较差	差	$\max_{1 \leqslant j \leqslant 5} r_{ij}$
1	650	340	140	250	530	650
2	950	430	180	0	0	950
3	350	170	0	450	860	860
4	450	100	80	320	440	450
5	0	0	0	710	1250	1250
决策	$\min_{1 \leqslant i \leqslant 5} \{\max_{1 \leqslant j \leqslant 5} r_{ij}\}$					450

（5）按等概率准则进行决策，计算结果见表 8-14. 比较各方案的期望收益，筛选的最优方案是方案 4.

表 8-14　　　　　　　　　　　　　　　　　　　单位：万元

状态 方案	很好	好	一般	较差	差	期望收益 d_i
1	1200	680	320	−200	−880	224
2	900	590	280	50	−350	294
3	1500	850	460	−400	−1210	240
4	1400	920	380	−270	−790	328
5	1850	1020	460	−660	−1600	214
决策	$\max_{1 \leqslant i \leqslant 5} d_i$					328

结论：从决策方案的选择来看，分歧比较大，其折中方案应为方案 4.

8.3　风险型决策

决策问题的不确定性给决策者的决策带来困难，决策者努力收集有关自然状态的以往信息，以便获得各个自然状态发生的概率，如果决策者已经获得各自然状态 N_i 发生的概率，则该决策问题为风险型决策. 它与不确定型决策的区别是已知自然状态概率集. 风险型决策所使用的概率有以下几种.

（1）客观概率：根据事件过去和现在的资料所确定或计算的每个事件出现的概率称为客观概率．在客观概率中又有先验概率和后验概率之分．前者是根据事件的历史资料来确定，后者是综合历史资料和现实资料计算出来的．利用后验概率进行决策显然要比利用先验概率准确可靠一些．

（2）主观概率：由决策者主观判断出某个事件出现的概率称为主观概率．这种概率没有过去或现在的资料作为实证依据，一般是决策者根据以往的表象和经验，结合当前信息大致确定的．当然，这与决策者个人的智慧、经验、胆识、知识等有密切关系．一般情况下，主观概率不如客观概率准确可靠．

对于风险型决策问题，通常采用期望值准则，即根据各方案的损益期望值的大小来比较选优．常用的决策方法有最大收益期望值准则、最小机会损失期望值准则、决策树法和后验期望值准则．下面分别介绍如何应用这些准则和方法对风险型决策问题进行决策．

8.3.1　最大收益期望值（EMV）准则

根据各事件的概率计算出各方案的期望收益值，并从中选择最大的期望值，以它对应的方案为最优策略，这就是最大收益期望值决策准则．

按最大收益期望值准则对例 8.1.1 决策，见表 8-15．

表 8-15　　　　　　　　　　　　　　　　单位：万元

方案	自然状态及概率			$\sum\limits_{j=1}^{3} p_j a_{ij}$
	好（0.3）	一般（0.5）	差（0.2）	
Ⅰ	50	30	15	33
Ⅱ	40	35	25	34.5
Ⅲ	30	30	28	29.6
决策	$\max\limits_{1\leqslant i\leqslant 3}(\sum\limits_{j=1}^{3} p_j a_{ij})$			34.5

从表中看到最大期望值为 34.5，其对应的方案Ⅱ为最优方案．

8.3.2　最小机会损失期望值（EOL）准则

令 $b_{ij} = \max\limits_{1\leqslant i\leqslant m}\{a_{ij}\} - a_{ij}$，$i=1,2,\cdots,m$；$j=1,2,\cdots,n$，称该值为在自然状态 N_j 下采用方案 S_i 时的机会损失值，又称遗憾值．

最小机会损失期望值准则即决策者先计算各方案的机会损失期望值，然后从这些机会损失期望值中选取最小的，将其对应的方案作为最优方案．

按最小机会损失期望值准则对例 8.1.1 决策，见表 8-16．

表 8-16 　　　　　　　　　　　　　　　　　　　　　　　　　　　单位：万元

方案	损失值			$\sum_{j=1}^{3} p_j b_{ij}$
	好（0.3）	一般（0.5）	差（0.2）	
I	0	5	13	5.1
II	10	0	3	3.6
III	20	5	0	8.5
决策	$\min\limits_{1 \leqslant i \leqslant 3}\left(\sum\limits_{j=1}^{3} p_j b_{ij}\right)$			3.6

从表中看到最小机会损失期望值为 3.6，其对应的方案 II 为最优方案.

8.3.3　决策树法

决策树是利用图形选择最优方案，它是决策分析最常使用的一种方法. 决策树不但能够解决单阶段决策问题，而且能解决决策表无法表达的多阶段决策问题.

1. 决策树结构

决策树结构如图 8-1 所示，图中的方框节点称作决策点，由决策点引出若干条直线，每条直线代表一个方案，称作决策枝. 在各个决策枝的末端画上一个圆圈，称为状态节点，由状态节点引出若干条线段，每条线段代表一个自然状态及其可能出现的概率，称为概率枝. 概率枝的末端为每一个方案在各状态下的损益值. 决策树的画法一般是从左向右，由简入繁，根据问题的层次构成一个树形图.

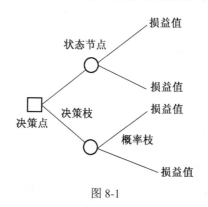

图 8-1

根据最终点的损益值与概率枝的概率，计算出同一方案在不同自然状态下的期望收益（负的为损失），然后从中选取最优方案，被淘汰的方案在其决策枝上画"//".

2. 单阶段决策

例 **8.3.1**　某工厂需要扩建，有两个方案：一是建大厂，二是建小厂，两者的使用期都是 10 年. 建大厂需投资 300 万元，建小厂投资 160 万元，两方案的年收益及自然状态的概率见表 8-17，试问如何选择建厂？

表 8-17 单位：万元

方案	自然状态及概率	
	好（0.7）	差（0.3）
I	100	-20
II	40	10

解　（1）画出决策树，如图 8-2.

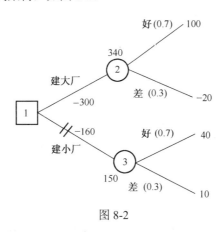

图 8-2

（2）计算各节点的期望收益.

节点 2：$[100\times0.7+(-20)\times0.3]\times10-300=340$（万元）

节点 3：$[40\times0.7+10\times0.3]\times10-160=150$（万元）

（3）比较后，选择建大厂为最优决策方案.

3. 多阶段决策

对一个决策问题，如果需要进行多次、有顺序的决策，才能达到决策目的，这种决策称为多阶段决策. 下面通过举例加以说明.

例 8.3.2　在例 8.3.1 中再增加第三个建厂方案：先建小厂，如果前三年的销路好，再扩建大厂，扩建所需投资为 200 万元，盈亏收益情况仍如例 8.3.1. 关于调查的结果：在 10 年使用期中，前三年销路好的概率为 0.7，销路差的概率为 0.3；如前 3 年销路好，则后 7 年销路也好的概率为 0.9；如前 3 年销路差，则后 7 年销路肯定差. 若仍以 10 年为期，问工厂应怎样扩建？

解　由题意可知，本决策问题是一个两阶段决策问题，前 3 年为第一阶段，后 7 年为第二阶段. 在第一阶段中，有两个方案：建大厂与建小厂. 对于建小厂方案，若前 3 年销路好，则第二阶段开始还有一个决策选择：是否扩建.

（1）画出决策树，如下图 8-3 所示。

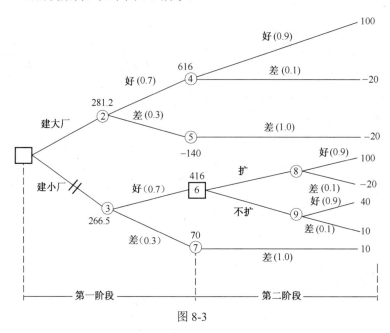

图 8-3

（2）从右向左计算各节点的期望损益值

节点 4：$0.9 \times 100 \times 7 + 0.1 \times (-20) \times 7 = 616$ （万元）

节点 5：$1.0 \times (-20) \times 7 = -140$ （万元）

节点 2：$0.7 \times 100 \times 3 + 0.3 \times (-20) \times 3 + 0.7 \times 616 + 0.3 \times (-140) - 300 = 281.2$（万元）

节点 8：$0.9 \times 100 \times 7 + 0.1 \times (-20) \times 7 - 200 = 416$ （万元）

节点 9：$0.9 \times 40 \times 7 + 0.1 \times 10 \times 7 = 259$ （万元）

节点 7：$1.0 \times 10 \times 7 = 70$ （万元）

节点 3：$0.7 \times 40 \times 3 + 0.3 \times 10 \times 3 + 0.7 \times 416 + 0.3 \times 70 - 160 = 266.5$ （万元）

（3）由计算结果可知，节点 2 的期望损益值大于节点 3 的期望损益值，因此选择建大厂作为最优方案.

例 8.3.3 某厂生产一种产品，现有 5 台自动车床负荷已满而对该产品的需求仍有增长的趋势. 经理要为近两年做出决策，每年都要决定是增加一台新车床，还是由职工加班生产来增加销售，经营部门预测市场需求情况如下：

在第一年内需求量增加 25%（高销售）的概率是 2/3，而需求量减少 5%（低销售）的概率是 1/3；如果第一年增长 25%，那么第二年继续增长 25%（高销售）的概率是 0.5，增长 12.5%（中销售）的概率是 0.5；但如果第一年降低 5%，则第二年增长 25%（高销售）的概率是 0.8，增长 12.5%（中销售）的概率是 0.2.财务测算的结果如表 8-18 所示.

方案		市场情况		净收入
第一年	第二年	第一年	第二年	总数（万元）
增加新设备（1）	增加新设备（2）	高销售	高销售	75
增加新设备（1）	增加新设备（2）	高销售	中销售	72
增加新设备（1）	加班	高销售	高销售	80
增加新设备（1）	加班	高销售	中销售	74
增加新设备（1）	使用新设备（1）	低销售	高销售	60
增加新设备（1）	使用新设备（1）	低销售	中销售	58
加班	增加新设备（1）	高销售	高销售	73
加班	增加新设备（1）	高销售	中销售	68
加班	增加新设备（1）并加班	高销售	高销售	74
加班	增加新设备（1）并加班	高销售	中销售	71
加班	加班	低销售	高销售	63
加班	加班	低销售	中销售	60

试用决策树方法求出使期望收入最大的决策.

解　所做决策树如图 8-4 所示：

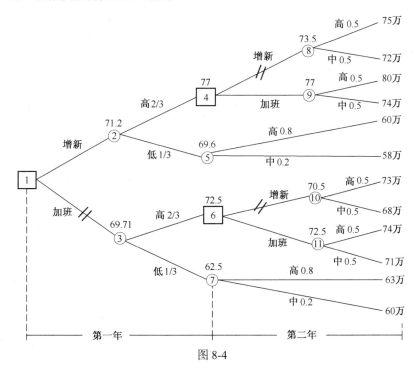

图 8-4

决策：第一年增添新设备（1），如果第一年需求增加 25%，则第二年利用加班时间，否则第二年使用新设备（1）.

8.3.4 后验期望值准则（贝叶斯决策准则）

前面我们已经介绍了先验概率，但是先验概率具有较大的主观性. 若要求决策者追加信息再利用贝叶斯公式修正有关状态的先验概率称为后验概率.

首先来看贝叶斯公式：设 $A_1, A_2, \cdots, A_n$ 是一个完备事件组，则对任一事件 B 有

$$P(A_i \mid B) = \frac{P(A_i)P(B \mid A_i)}{\sum\limits_{j=1}^{n} P(A_j)P(B \mid A_j)} \quad (i = 1, 2, \cdots, n)$$

其中，$A_1, A_2, \cdots, A_n$ 可视为风险型决策中的自然状态，$P(A_i)$ 为先验概率，$P(B \mid A_i)$ 是由样本获取的信息，$P(A_i \mid B)$ 是先验概率经样本信息修正后得到的后验概率，用后验概率进行决策分析就是后验期望值准则. 若对概率继续抽取样本并根据新的信息再次修正的话，则原有的后验概率当作先验概率，而再次修正后的概率成了后验概率.

例 8.3.4 某手表厂面对激烈的市场竞争，拟利用先进技术对手表改型，现有三个改型方案：Ⅰ、颜色多样化；Ⅱ、增加功能；Ⅲ、提高手表的精准度. 根据市场调查，该厂潜在客户群中有高需求、一般需求与低需求三种情况，它们发生的概率分别为 0.3、0.5、0.2. 其中高需求客户群中有 8%的购买者、一般需求客户群中有 6%的购买者、低需求客户群中有 4%的购买者，在这三种情况下不同的改型方案所获得的收益不一样，表 8-19 给出了预期收益的情况. 问：手表厂应采用哪种改型方案？

表 8-19　　　　　　　　　　　　　　　　　　　　　　单位：万元

方案	自然状态		
	高需求 N_1	一般需求 N_2	低需求 N_3
Ⅰ	50	30	20
Ⅱ	80	40	0
Ⅲ	120	20	-40

解 根据最大收益期望值准则，计算结果如表 8-20 所示.

表 8-20　　　　　　　　　　　　　　　　　　　　　　单位：万元

方案	自然状态及概率			$\sum\limits_{j=1}^{3} p_j a_{ij}$
	高（0.3）	一般（0.5）	差（0.2）	
Ⅰ	50	30	20	34

方案	自然状态及概率			$\sum\limits_{j=1}^{3} p_j a_{ij}$
	高（0.3）	一般（0.5）	差（0.2）	
II	80	40	0	44
III	120	20	-40	38
决策	$\max\limits_{1\leqslant i\leqslant 3}\left(\sum\limits_{j=1}^{3} p_j a_{ij}\right)$			44

假设向 40 户打算购买的人发出购买订单，其中有 3 户回函购买，记这一组抽样试验结果为 B，则试验 B 相当于进行了 40 次独立试验，其中 3 次成功．由二项分布得：

$$P(B\mid N_1) = C_{40}^{3}\times 0.08^3\times 0.92^{37} = 0.2313$$

$$P(B\mid N_2) = C_{40}^{3}\times 0.06^3\times 0.94^{37} = 0.2162$$

$$P(B\mid N_3) = C_{40}^{3}\times 0.04^3\times 0.96^{37} = 0.1396$$

再根据贝叶斯公式得：

$$P(N_1\mid B) = \frac{0.2313\times 0.3}{0.2313\times 0.3 + 0.2162\times 0.5 + 0.1396\times 0.2} = 0.3378$$

$$P(N_2\mid B) = \frac{0.2162\times 0.5}{0.2313\times 0.3 + 0.2162\times 0.5 + 0.1396\times 0.2} = 0.5263$$

$$P(N_3\mid B) = \frac{0.1396\times 0.2}{0.2313\times 0.3 + 0.2162\times 0.5 + 0.1396\times 0.2} = 0.1359$$

这时，根据修正后的概率按照最大收益期望值准则计算，结果如表 8-21 所示．

表 8-21 单位：万元

方案	自然状态及修正后的概率			$\sum\limits_{j=1}^{3} p_j a_{ij}$
	高（0.3378）	一般（0.5263）	差（0.1359）	
I	50	30	20	35.398
II	80	40	0	48.04
III	120	20	-40	15.632
决策	$\max\limits_{1\leqslant i\leqslant 3}\left(\sum\limits_{j=1}^{3} p_j a_{ij}\right)$			48.04

因此，手表厂应采用方案 II 作为改型方案．

8.4 信息的价值

若自然状态的信息越缺乏，决策者在决策过程中主观的成分就越多. 收集和提供相关信息有利于减少决策问题的不确定性，提高决策的科学性. 令

信息的价值=后验最大期望收益值–先验最大期望收益值

下面我们通过例子来看如何确定信息价值.

例 8.4.1 某公司计划建造一批公寓. 根据资金和设计等方面的因素，该公司提出建造 60,120,180 套房等三个建筑方案. 这些公寓的销售收入与该地区的经济发展状况有关. 基于建筑价格和销售额的估计，计算出三个方案在不同状态下的利润如表 8-22 所示. 该公司应建多少套公寓为宜？

表 8-22 单位：万元

方案	自然状态		
	繁荣 N_1	一般 N_2	萧条 N_3
a_1（60）	30	30	30
a_2（120）	90	90	0
a_3（180）	150	60	-20

解 公司将该问题视为不确定型问题，按照后悔值准则对该问题作出决策分析，从而，对于每个方案有

$$d_1 = \max\{150-30, 90-30, 30-30\} = 120,$$
$$d_2 = \max\{150-90, 90-90, 30-0\} = 60,$$
$$d_3 = \max\{150-150, 90-60, 30-(-20)\} = 50,$$
$$d = \min\{120, 60, 50\} = 50,$$

故方案 a_3 是最优决策方案.

若决策者根据以往的资料和经验，分析了该地区三种经济状态的可能性，得到其先验分布：繁荣的概率 0.2，一般 0.5，萧条 0.3.

决策者根据风险型决策的最大收益期望值准则作出决策分析，对每个方案有

$$d_1 = 0.2\times30 + 0.5\times30 + 0.3\times30 = 30,$$
$$d_2 = 0.2\times90 + 0.5\times90 + 0.3\times0 = 63,$$
$$d_3 = 0.2\times150 + 0.5\times60 + 0.3\times(-20) = 54,$$
$$d = \max\{30, 63, 54\} = 63,$$

故方案 a_2 是最优决策方案.

上述两种决策分析的结果不相同，决策者为了能获得更多的信息来辅助决策，打算委托咨询公司进行市场调查，以便给出经济环境有利于房地产开发及经济环境不利于房地产开发的有关研究结果. 在委托咨询之前，根据以往市场调查结果，

各个不同自然状态下，该地区有利或不利于房地产开发的条件概率见表 8-23.

表 8-23

	繁荣 N_1	一般 N_2	萧条 N_3
有利 x_1	0.8	0.6	0.1
不利 x_2	0.2	0.4	0.9

在有利情况下，有

$$p(x_1) = 0.2 \times 0.8 + 0.5 \times 0.6 + 0.3 \times 0.1 = 0.49 ,$$

$$p(N_1 \mid x_1) = \frac{0.8 \times 0.2}{0.49} = 0.3265 ,$$

$$p(N_2 \mid x_1) = \frac{0.6 \times 0.5}{0.49} = 0.6123 ,$$

$$p(N_3 \mid x_1) = \frac{0.1 \times 0.3}{0.49} = 0.0612 .$$

利用后验概率计算最大期望收益值，对每个方案有

$$d_1 = 0.3265 \times 30 + 0.6123 \times 30 + 0.0612 \times 30 = 30 ,$$
$$d_2 = 0.3265 \times 90 + 0.6123 \times 90 + 0.0612 \times 0 = 84.492 ,$$
$$d_3 = 0.3265 \times 150 + 0.6123 \times 60 + 0.0612 \times (-20) = 84.489 ,$$
$$d = \max\{30, 84.492, 84.489\} = 84.492 .$$

故方案 a_2 是最优决策方案.

在不利情况下，有

$$p(x_2) = 0.2 \times 0.2 + 0.5 \times 0.4 + 0.3 \times 0.9 = 0.51 ,$$

$$p(N_1 \mid x_2) = \frac{0.2 \times 0.2}{0.51} = 0.0784 ,$$

$$p(N_2 \mid x_2) = \frac{0.4 \times 0.5}{0.51} = 0.3922 ,$$

$$p(N_3 \mid x_2) = \frac{0.9 \times 0.3}{0.51} = 0.5294 .$$

利用后验概率计算最大期望收益值，对每个方案有

$$d_1 = 0.0784 \times 30 + 0.3922 \times 30 + 0.5294 \times 30 = 30 ,$$
$$d_2 = 0.0784 \times 90 + 0.3922 \times 90 + 0.5294 \times 0 = 42.354 ,$$
$$d_3 = 0.0784 \times 150 + 0.3922 \times 60 + 0.5294 \times (-20) = 24.704 ,$$
$$d = \max\{30, 42.354, 24.704\} = 42.354 ,$$

故方案 a_2 是最优决策方案.

所以，无论是处于有利还是不利的经济环境，都应该选择第二方案.

后验最大期望收益值 $= 0.49 \times 84.492 + 0.51 \times 42.354 = 63 .$

前面已计算先验最大期望收益值为 63，这样表明，委托咨询公司进行市场调查没有必要.

例 8.4.2 某矿场公司拥有一块可能产煤的土地，根据产煤的多少，该块土地可能属于 4 种类型：产煤 50 万吨 N_1、20 万吨 N_2、5 万吨 N_3、无煤 N_4. 公司目前有 3 个方案可供选择：自行开采 a_1；无条件将该土地出租给其他生产者 a_2；有条件将该土地出租给其他生产者 a_3. 若自主开采，打出有煤矿井的费用是 10 万元，打出无煤矿井的费用是 7.5 万元，每吨煤的利润是 1.5 元. 若无条件出租，不管产煤多少，公司收取固定租金 4.5 万元；若有条件出租，公司不收取租金，但是当产量为 20 万吨至 50 万吨时，公司每吨煤收取 0.5 元. 根据以上信息，计算得到该公司可能的利润收入见表 8-24.

表 8-24　　　　　　　　　　　　　　　　　单位：万元

方案	自然状态			
	50 万吨 N_1	20 万吨 N_2	5 万吨 N_3	无煤 N_4
自行开采 a_1	65	20	-2.5	-7.5
无条件出租 a_2	4.5	4.5	4.5	4.5
有条件出租 a_3	25	10	0	0

按过去的经验，该块土地属于上述 4 种类型的可能性分别是 10%、15%、25%、50%. 该公司想在选择一种获得最大利润的方案前进行一次地震试验，以进一步弄清该地区的地质构造. 已知地震试验的费用是 12000 元，地震试验可能的结果是：构造很好 I_1、构造较好 I_2、构造一般 I_3、构造较差 I_4. 根据过去的试验，可知地质构造与矿井出矿量关系见表 8-25. 问：是否需要做试验？若做试验，如何根据地震试验的结果进行决策？

表 8-25

类型	状态			
	构造很好 I_1	构造较好 I_2	构造一般 I_3	构造较差 I_4
50 万吨 N_1	0.58	0.33	0.09	0.0
20 万吨 N_2	0.56	0.19	0.125	0.125
5 万吨 N_3	0.46	0.25	0.125	0.165
无煤 N_4	0.19	0.27	0.31	0.23

解 决策者先根据风险型决策的最大收益期望值准则作出决策分析，对每个方案有

$$d_1 = 0.10 \times 65 + 0.15 \times 20 + 0.25 \times (-2.5) + 0.50 \times (-7.5) = 5.125,$$

$$d_2 = 0.10 \times 4.5 + 0.15 \times 4.5 + 0.25 \times 4.5 + 0.50 \times 4.5 = 4.5 ,$$
$$d_3 = 0.10 \times 25 + 0.15 \times 10 + 0.25 \times 0 + 0.50 \times 0 = 4 ,$$

故方案 a_1 是最优决策方案, 即自行钻井.

下面计算各种地震试验结果出现的概率及各种情况下的最优方案:

$$p(I_1) = 0.10 \times 0.58 + 0.15 \times 0.56 + 0.25 \times 0.46 + 0.50 \times 0.19 = 0.352 ,$$

$$p(N_1 \mid I_1) = \frac{0.10 \times 0.58}{0.352} = 0.165 ,$$

$$p(N_2 \mid I_1) = \frac{0.15 \times 0.56}{0352} = 0.240 ,$$

$$p(N_3 \mid I_1) = \frac{0.25 \times 0.46}{0.352} = 0.325 ,$$

$$p(N_4 \mid I_1) = \frac{0.50 \times 0.19}{0.352} = 0.270 .$$

利用后验概率计算最大期望收益值, 对每个方案有

$$d_1 = 0.165 \times 65 + 0.24 \times 20 + 0.325 \times (-2.5) + 0.270 \times (-7.5) = 12.6825 ,$$
$$d_2 = 0.165 \times 4.5 + 0.24 \times 4.5 + 0.325 \times 4.5 + 0.270 \times 4.5 = 4.5 ,$$
$$d_3 = 0.165 \times 25 + 0.24 \times 10 + 0.325 \times 0 + 0.170 \times 0 = 6.525 .$$

故方案 a_1 是最优决策方案, 即自行钻井.

$$p(I_2) = 0.10 \times 0.33 + 0.15 \times 0.19 + 0.25 \times 0.25 + 0.50 \times 0.27 = 0.259 ,$$

$$p(N_1 \mid I_2) = \frac{0.10 \times 0.33}{0.259} = 0.127 ,$$

$$p(N_2 \mid I_2) = \frac{0.15 \times 0.19}{0.259} = 0.110 ,$$

$$p(N_3 \mid I_2) = \frac{0.25 \times 0.25}{0.259} = 0.241 ,$$

$$p(N_4 \mid I_2) = \frac{0.50 \times 0.27}{0.259} = 0.522 .$$

利用后验概率计算最大期望收益值, 对每个方案有

$$d_1 = 0.127 \times 65 + 0.11 \times 20 + 0.241 \times (-2.5) + 0.522 \times (-7.5) = 5.945 ,$$
$$d_2 = 0.127 \times 4.5 + 0.11 \times 4.5 + 0.241 \times 4.5 + 0.522 \times 4.5 = 4.5 ,$$
$$d_3 = 0.127 \times 25 + 0.11 \times 10 + 0.241 \times 0 + 0.522 \times 0 = 4.275 ,$$

故方案 a_1 是最优决策方案, 即自行钻井.

$$p(I_3) = 0.10 \times 0.09 + 0.15 \times 0.125 + 0.25 \times 0.125 + 0.50 \times 0.31 = 0.214 ,$$

$$p(N_1 \mid I_3) = \frac{0.10 \times 0.09}{0.214} = 0.042 ,$$

$$p(N_2 \mid I_3) = \frac{0.15 \times 0.125}{0.214} = 0.088 ,$$

$$p(N_3 \mid I_3) = \frac{0.25 \times 0.125}{0.214} - 0.147 \; ,$$

$$p(N_4 \mid I_3) = \frac{0.50 \times 0.31}{0.214} = 0.723 \; .$$

利用后验概率计算最大期望收益值，对每个方案有

$$d_1 = 0.042 \times 65 + 0.088 \times 20 + 0.147 \times (-2.5) + 0.723 \times (-7.5) = -1.3375 \; ,$$

$$d_2 = 0.042 \times 4.5 + 0.088 \times 4.5 + 0.147 \times 4.5 + 0.723 \times 4.5 = 4.5 \; ,$$

$$d_3 = 0.042 \times 25 + 0.088 \times 10 + 0.147 \times 0 + 0.723 \times 0 = 1.93 \; ,$$

故方案 a_2 是最优决策方案，即无条件出租.

$$p(I_4) = 0.10 \times 0.00 + 0.15 \times 0.125 + 0.25 \times 0.165 + 0.50 \times 0.23 = 0.175 \; ,$$

$$p(N_1 \mid I_4) = \frac{0.10 \times 0.00}{0.175} = 0 \; ,$$

$$p(N_1 \mid I_4) = \frac{0.15 \times 0.125}{0.175} = 0.107 \; ,$$

$$p(N_1 \mid I_4) = \frac{0.25 \times 0.165}{0.175} = 0.236 \; ,$$

$$p(N_1 \mid I_4) = \frac{0.50 \times 0.23}{0.175} = 0.657 \; .$$

利用后验概率计算最大期望收益值，对每个方案有

$$d_1 = 0 \times 65 + 0.107 \times 20 + 0.236 \times (-2.5) + 0.657 \times (-7.5) = -3.3775 \; ,$$

$$d_2 = 0 \times 4.5 + 0.107 \times 4.5 + 0.236 \times 4.5 + 0.657 \times 4.5 = 4.5 \; ,$$

$$d_3 = 0 \times 25 + 0.107 \times 10 + 0.236 \times 0 + 0.657 \times 0 = 1.07 \; ,$$

故方案 a_2 是最优决策方案，即无条件出租.

根据地震试验结果，后验最大期望收益值

$$0.352 \times 12.6825 + 0.259 \times 5.945 + 0.214 \times 4.5 + 0.175 \times 4.5 = 7.75 \text{ 万元.}$$

前面已计算先验最大期望收益值为 5.125 万元，信息的价值=7.75−5.125=2.625 万元，这样表明，地震试验是合算的.

8.5 层 次 分 析 法

层次分析法（Analytic Hierarchy Process，AHP）是美国运筹学家萨蒂（T. L. Saaty）教授于 70 年代初期提出的一种对一些较为复杂、较为模糊的问题做出决策的简易方法，它特别适用于那些难以完全定量分析的问题.

8.5.1 层次分析法的步骤

复杂的决策问题往往涉及许多因素，求解起来比较困难. 而层次分析法为这类问题的决策和排序提供了一种新的、简洁而实用的建模方法. 用层次分析法作

决策分析，首先把问题层次化．根据问题性质和要达到的总目标，将问题分解为不同的组成因素；然后按照因素间的相互影响以及隶属关系将因素按不同层次组合，形成一个多层次的分析结构模型；最后把系统分析归结为最底层相对于最高层的权值而确定的排序问题，为决策提供依据．

运用层次分析法建模，大体上可按下面五个步骤进行：建立递阶层次结构模型；构造出各层次中的所有判断矩阵；层次单排序及一致性检验；层次总排序及一致性检验；得出结论．

下面对上述步骤分别说明实现过程．

1. 递阶层次结构的建立

首先对问题要有明确的认识，弄清问题所包含的因素及其相互关系；然后将问题中所包含的因素划分不同的层次．上一层次的元素作为准则对下一层次有关元素起支配作用．这些层次可以分为三类：

（1）最高层：这一层次中只有一个因素，一般它是分析问题的预定目标或理想结果，因此也称为目标层．

（2）中间层：这一层次中包含了为实现目标所涉及的中间环节，它可以由若干个层次组成，包括所需考虑的准则、子准则，因此也称为准则层．

（3）最底层：这一层次包括了为实现目标可供选择的各种措施、决策方案等，因此也称为措施层或方案层．

递阶层次结构中的层次数与问题的复杂程度及需要分析的详尽程度有关，一般层次数不受限制．每一层次中各因素所支配的元素一般不要超过 9 个．这是因为支配的元素过多会给两两比较判断带来困难．

下面结合一个实例来说明如何建立递阶层次结构．

例 8.5.1 学生进行选课，有 P_1、P_2、P_3 三门课程供选择，试帮助学生确定一门最佳课程．

在此问题中，学生会根据诸如学分、时间、教师和考试等一些准则去反复比较这三门课，建立如图 8-5 所示的层次结构模型．

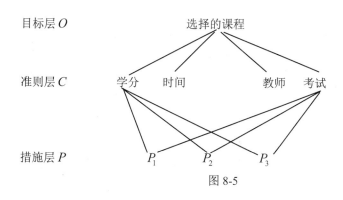

图 8-5

2. 构造判断矩阵

所谓判断矩阵，就是针对上一层某因素，对下一层次中各个因素相对重要性进行两两比较，用数值表示出这些判断并写成的矩阵.

现在要比较 n 个因子 $X = \{x_1, \cdots, x_n\}$ 对某因素 Z 的影响大小，怎样比较才能提供可信的数据呢？Saaty 等人建议可以采取对因子进行两两比较建立成对比较矩阵的办法. 即每次取两个因子 x_i 和 x_j，以 a_{ij} 表示 x_i 和 x_j 对 Z 的影响大小之比，全部比较结果用矩阵 $A = (a_{ij})_{n \times n}$ 表示，A 即为判断矩阵. 容易看出，若 x_i 与 x_j 对 Z 的影响之比为 a_{ij}，则 x_j 与 x_i 对 Z 的影响之比应为 $a_{ji} = \dfrac{1}{a_{ij}}$.

关于如何确定 a_{ij} 的值，Saaty 等建议引用数字 1，2，$\cdots$，9 及它们的倒数作为标度. 表 8-26 列出了 1~9 标度的含义：

表 8-26

标度	含义
1	表示两个因素相比，具有相同重要性
3	表示两个因素相比，前者比后者稍重要
5	表示两个因素相比，前者比后者明显重要
7	表示两个因素相比，前者比后者强烈重要
9	表示两个因素相比，前者比后者极端重要
2，4，6，8	表示上述相邻判断的中间值
倒数	若因素 i 与因素 j 的重要性之比为 a_{ij}，那么因素 j 与因素 i 重要性之比为 $a_{ji} = \dfrac{1}{a_{ij}}$.

显然对 n 阶判断矩阵，仅需对 $\dfrac{n(n+1)}{2}$ 个因素给出数值，因为

$$a_{ii} = 1, a_{ij} = \frac{1}{a_{ji}} \quad (i, j = 1, 2, \cdots, n)$$

3. 层次单排序及一致性检验

判断矩阵 A 对应于最大特征值 $\lambda_{\max}$ 的特征向量 W，经归一化后即为同一层次相应因素对于上一层次某因素相对重要性的排序权值，这一过程称为层次单排序. 对于单排序的权值最常见的计算方法有：和积法、方根法. 下面介绍和积法的具体步骤.

将判断矩阵 $A = (a_{ij})_{n \times n}$ 每一列正规化：$\overline{a_{ij}} = \dfrac{a_{ij}}{\displaystyle\sum_{k=1}^{n} a_{kj}}$；

将每一列经过正规化的判断矩阵按行相加：$\overline{a_i} = \sum_{j=1}^{n} \overline{a_{ij}}$；

再对 $\overline{a_i}$ 正规化：$a_i = \dfrac{\overline{a_i}}{\sum_{j=1}^{n} \overline{a_j}}$，所得到的 $a_1, \cdots, a_n$ 就是层次单排序的权值.

算出层次单排序权值后，还要进行判断矩阵的一致性检验. 对判断矩阵一致性检验的步骤如下：

（1）计算一致性指标. 记 $W = (a_1, \cdots, a_n)^T$，根据矩阵理论，得到 $\lambda_{\max} = \sum_{i=1}^{n} \dfrac{(AW)_i}{na_i}$，其中 $(AW)_i$ 表示矩阵 A 和向量 W 的乘积 AW 中的第 i 个元素，再计算一致性指标 $CI = \dfrac{\lambda_{\max} - n}{n \; 1}$.

（2）查找相应的平均随机一致性指标 RI. 对 $n = 1, \cdots, 9$，Saaty 给出了 RI 的值，如表 8-27 所示：

表 8-27

阶数	1	2	3	4	5	6	7	8	9
RI	0	0	0.58	0.90	1.12	1.24	1.32	1.41	1.45

RI 的值是这样得到的，用随机方法构造 500 个样本矩阵：随机地从 1~9 及其倒数中抽取数字构造正互反矩阵，求得最大特征根的平均值 $\lambda'_{\max}$，并定义

$$RI = \frac{\lambda'_{\max} - n}{n-1}.$$

（3）计算一致性比例 $CR = \dfrac{CI}{RI}$. 对 1,2 阶判断矩阵，只是形式上的，因为 1,2 阶判断矩阵总具有完全一致性. 在阶数大于 2 时，若 $CR < 0.10$，认为判断矩阵的一致性是可以接受的，否则应对判断矩阵作适当修正.

4. 层次总排序及一致性检验

上面我们得到的是一组元素对其上一层中某元素的权重向量. 我们最终要得到各元素，特别是最底层中各方案对于目标的排序权重，从而进行方案选择. 这一过程是由高层次到低层次逐层进行的.

设上一层次（A 层）包含 $A_1, \cdots, A_m$ 共 m 个因素，它们的层次总排序权重分别为 $a_1, \cdots, a_m$. 又设其后的下一层次（B 层）包含 n 个因素 $B_1, \cdots, B_n$，它们关于 A_j 的层次单排序权重分别为 $b_{1j}, \cdots, b_{nj}$（当 B_i 与 A_j 无关联时，$b_{ij} = 0$）. 现求 B 层中各因素关于总目标的权重，即求 B 层各因素的层次总排序权重 $b_1, \cdots, b_n$，计算按表 8-28 所示方式进行，即 $b_i = \sum_{j=1}^{m} b_{ij} a_j$，$i = 1, \cdots, n$.

表 8-28

层 A / 层 B	A_1 a_1	A_2 a_2	$\cdots$	A_m a_m	B 层总排序权值
B_1	b_{11}	b_{21}	$\cdots$	b_{2m}	$\sum\limits_{j=1}^{m} b_{1j}a_j$
B_2	b_{21}	b_{22}	$\cdots$	b_{2m}	$\sum\limits_{j=1}^{m} b_{2j}a_j$
$\vdots$	$\cdots$	$\cdots$	$\cdots$	$\cdots$	$\vdots$
B_m	b_{n1}	b_{n2}	$\cdots$	b_{nm}	$\sum\limits_{j=1}^{m} b_{nj}a_j$

对层次总排序也需作一致性检验，检验仍像层次总排序那样由高层到低层逐层进行．设 B 层中与 A_j 相关因素的成对比较判断矩阵在单排序中经一致性检验，求得单排序一致性指标为 CI_j，（ $j=1,\cdots,m$ ），相应的平均随机一致性指标为 RI_j（ CI_j，RI_j 已在层次单排序时求得），则 B 层总排序随机一致性比例为

$$CR = \frac{\sum\limits_{j=1}^{m} CI_j a_j}{\sum\limits_{j=1}^{m} RI_j a_j}.$$

当 $CR<0.10$ 时，认为层次总排序结果具有较满意的一致性并接受该分析结果，否则需要重新调整判断矩阵的元素取值．

5．得出结论

根据层次总排序结果，给出方案层中各方案的排序结果．

8.5.2 层次分析法的应用

在应用层次分析法时，建立层次结构模型是十分关键的一步．现在分析一个实例，以便说明如何从实际问题中抽象出相应的层次结构．

例 8.5.2 某人准备买一台电视，希望功能强、价格低、易维护．有三种机型可选，现已建立了层次结构图 8-6 所示.

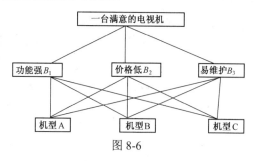

图 8-6

判断矩阵分别见表 8-29，表 8-30，表 8-31，表 8-32

表 8-29

O	B_1	B_2	B_3
B_1	1	5	3
B_2	1/5	1	1/3
B_3	1/3	3	1

表 8-30

B_1	A	B	C
A	1	1/4	2
B	4	1	8
C	1/2	1/8	1

表 8-31

B_2	A	B	C
A	1	2	8
B	1/2	1	4
C	1/8	1/4	1

表 8-32

B_3	A	B	C
A	1	1	1/3
B	1	1	1/5
C	3	5	1

记表 8-29 所示的判断矩阵 $O-B$ 为 A，利用和积法求层次单排序权值，即对矩阵 A 各列求和并正规化，再求各行之和，并正规化，得单排序权值 $W = (0.6334, 0.1061, 0.2605)$．

计算判断矩阵 A 的最大特征根 $\lambda_{\max}$：

$$\lambda_{\max} = \sum_{i=1}^{3} \frac{(AW)_i}{3a_i} = 3.0386 .$$

对判断矩阵 A 作一致性检验：$CI = \dfrac{\lambda_{\max} - n}{n-1} = \dfrac{3.0386 - 3}{2} = 0.0193$，查表 8-27，$n=3$ 时，$RI = 0.58$．

$CR = \dfrac{CI}{RI} = 0.0333 < 0.1$，因此判断矩阵具有满意的一致性．

同理可以计算准则层的判断矩阵，得到
$$CI_1 = 0.0000, \quad CI_2 = 0.0000, \quad CI_3 = 0.0147 ,$$
并得出下面的层次总排序结果，见表 8-33．

表 8-33

准则		功能强	价格低	易维护	总排序权值		
准则层权值		0.6334	0.1061	0.2605			
方案层单排序权值	机型 A	0.1818	0.6154	0.1868	0.2291	0.5344	0.2365
	机型 B	0.7273	0.3077	0.1578			
	机型 C	0.0909	0.0769	0.6554			

层次总排序的一致性检验：

$$CR = \frac{\sum\limits_{j=1}^{3} CI_j a_j}{\sum\limits_{j=1}^{3} RI_j a_j} = \frac{0.6334 \times 0 + 0.1061 \times 0 + 0.2605 \times 0.0147}{0.6334 \times 0.58 + 0.1061 \times 0.58 + 0.2605 \times 0.58}$$

$$= 0.0066 < 0.10.$$

因此，具有满意的一致性.

根据层次总排序权值，可以得出结论：机型 B 在综合分析中占优势，其次是机型 C，机型 A 排在最后.

习题 8

1. 某钟表公司计划通过它的销售网销售一种低价手表，计划每块售价 10 元. 生产这种手表有三个设计方案：方案 1 需一次投资 10 万元，以后生产一块的费用为 5 元；方案 2 需一次投资 16 万元，以后生产一块的费用为 4 元；方案 3 需一次投资 25 万元，以后生产一块的费用为 3 元. 对该手表的需求量为未知，但估计有三种可能（1）30000；（2）120000；（3）200000.

要求：（a）建立这个问题的收益矩阵；（b）分别用悲观主义、乐观主义和等概率的决策准则决定该公司应采用哪个设计方案.

2. 某新华书店希望订购最新出版的图书. 根据以往经验，新书的销售量可能为 50,100,150 或 200 册. 假定每册新书的订购价为 4 元，销售价为 6 元，剩书的处理价为每册 2 元.

（1）用后悔值准则决定该书店应订购的新书数量；

（2）据以往统计资料，新书销售量的规律见表 8-34，用最大收益期望值准则决定订购数量.

表 8-34

需求量	50	100	150	200
比例（%）	20	40	30	10

3. 某采矿钻探队，在一片估计能产矿的荒田钻探，操作有两个方案：可以先做地震试验，然后决定钻探与否；或不做地震试验，只凭经验决定钻探与否. 做地震试验费用为每次 3000 元，钻井费用为 10000 元. 若钻井出矿，钻探队可获收入 40000 元；若钻井不出矿，钻探队无任何收入. 若做地震试验，试验结果好的概率为 0.6，不好的概率为 0.4. 如果试验结果好，此时钻井出矿的概率为 0.85，不出矿的概率为 0.15；如果试验结果不好，此时钻井出矿的概率为 0.10，不出矿的概率为 0.90. 若不做地震试验，只凭经验决定，此时钻井出矿的概率为 0.55，

不出矿的概率为 0.45．使用决策树法，给出使期望收益最大的的决策．

4．某厂生产一种新产品，推销策略有 a_1，a_2，a_3 三种选择，但是各方案所需的资金、时间都不同，加上市场情况的差别，因而获利和亏损情况不同．而市场情况也有三种：N_1（需要量大），N_2（需要量一般），N_3（需要量小），市场情况的概率并不知道，其收益矩阵如表 8-35 所示，试分别用乐观准则和悲观准则决策．

表 8-35 单位：万元

方案	自然状态		
	N_1	N_2	N_3
a_1	50	10	−5
a_2	30	25	0
a_3	10	10	10

5．某工厂以每 150 个为一批加工机器的零件．经验表明，每一批零件的次品率 p 不是 0.05 就是 0.25，而且所加工的各批量中 p 为 0.05 的概率是 0.8．每批零件加工后都用来组装一个部件．对于质量的检验有两种方式：一种是在组装前对每个零件都进行检验，每个需 10 元检验费，如发现有次品时立即更换；另一种是事先不对每个零件检验，而是等到组装后再检验，如发现次品就返工，费用是每个 100 元．用期望值标准进行决策，应采用哪一种检验方式，试用决策树的方法求解．

6．某工厂拟采用新技术，预计其市场反映好的概率为 0.6，市场反映差的概率为 0.4，已知利润如表 8-36 所示：

表 8-36 单位：万元

方案	自然状态	
	市场反应好 N_1	市场反应差 N_2
Ⅰ：采用新技术	80	−30
Ⅱ：发展现有技术	−40	100

决策者用 2.5 万元请专家进行市场调查，得到各个自然状态下调查结果的条件概率如表 8-37 所示，试用后验期望值准则作出决策，花费 2.5 万元的调查费用是否值得？

表 8-37

	市场反应好 N_1	市场反应差 N_2
销路好 x_1	0.80	0.10
销路一般 x_2	0.10	0.75
销路差 x_3	0.10	0.15

7. 设有矩阵

$$A = \begin{pmatrix} 1 & \dfrac{1}{5} & 3 \\ 5 & 1 & 6 \\ \dfrac{1}{3} & \dfrac{1}{6} & 1 \end{pmatrix}$$

试对 A 作一致性检验.

案例分析

案例 1：面包进货问题

根据以往的资料，一家面包店每天所需面包数（当天市场需求量）可能是 100,150,200,250,300 当中的某一个，但其概率分布不知道. 若一个面包当天没有卖掉，则可在当天结束时以每个 0.15 元的价格处理掉. 新鲜面包每个售价 0.49 元，成本为 0.25 元，假设进货量限制在需求量中的某一个，分别用处理不确定型决策问题的各种方法确定最优进货量.

案例 2：工作选择问题

挑选合适的工作. 经双方恳谈，已有三个单位表示愿意录用某毕业生. 该生根据已有信息建立了一个层次结构模型，如图 8-7 所示. 并根据主观愿望构造了判断矩阵如表 8-38 到表 8-44 所示，试利用层次分析法，帮助该生选择最满意的工作.

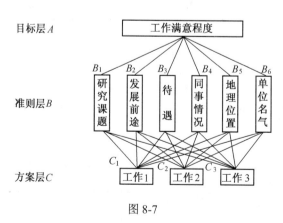

图 8-7

表 8-38

A	B_1	B_2	B_3	B_4	B_5	B_6
B_1	1	1	1	4	1	1/2
B_2	1	1	2	4	1	1/2
B_3	1	1/2	1	5	3	1/2
B_4	1/4	1/4	1/5	1	1/3	1/3
B_5	1	1	1/3	3	1	1
B_6	2	2	2	3	3	1

表 8-39

B_1	C_1	C_2	C_3
C_1	1	1/4	1/2
C_2	4	1	3
C_3	2	1/3	1

表 8-40

B_2	C_1	C_2	C_3
C_1	1	1/4	1/5
C_2	4	1	1/2
C_3	5	2	1

表 8-41

B_3	C_1	C_2	C_3
C_1	1	3	1/3
C_2	1/3	1	7
C_3	3	1/7	1

表 8-42

B_4	C_1	C_2	C_3
C_1	1	1/3	5
C_2	3	1	7
C_3	1/5	1/7	1

表 8-43

B_5	C_1	C_2	C_3
C_1	1	1	7
C_2	1	1	7
C_3	1/7	1/7	1

表 8-44

B_6	C_1	C_2	C_3
C_1	1	7	9
C_2	1/7	1	1
C_3	1/9	1	1

参考文献

[1] 《运筹学》教材编写组. 运筹学（第四版）. 北京：清华大学出版社，2012.

[2] 韩大卫. 管理运筹学（第六版）. 大连：大连理工大学出版社，2010.

[3] 韩中庚等. 应用运筹学，模型、方法与计算. 清华大学出版社，2007.

[4] 张杰等. 运筹学模型与实验. 北京：中国电力出版社，2007.

[5] 韩伯棠. 管理运筹学（第二版）. 北京：高等教育出版社，2005.

[6] 谢金星，薛毅. 优化建模与 LINDO/LINGO 软件. 北京：清华大学出版社，2005.

[7] 薛毅，耿美英. 运筹学与实验. 北京：电子工业出版社，2008.

[8] 熊伟. 运筹学（第二版）. 北京：机械工业出版社，2009.

[9] 胡运权. 运筹学习题集（第四版）. 北京：清华大学出版社，2010.

[10] 宫世燊等. 运筹学习题集. 上海：同济大学出版社，1987.

[11] 夏伟怀，符卓编著. 运筹学. 中南大学出版社，2011.

[12] 岳宏志，蔺小林等编著. 运筹学. 东北财经大学出版社，2012.

[13] 吴祈宗主编. 运筹学. 北京理工大学出版社，2011.

[14] 于春田，李法朝，惠红旗主编. 运筹学（第二版）. 科学出版社，2011.

[15] 张杰，郭丽杰，周硕，林彤编著. 运筹学模型及应用. 清华大学出版社，2013.

[16] 郝英奇等编著. 实用运筹学. 中国人民大学出版社，2011.

[17] 张伯生主编. 运筹学. 科学出版社，2008.

[18] 胡运权编著. 运筹学基础及应用（第五版）. 高等教育出版社，2008.

[19] 李水旺，田智慧，熊伟编著. 运筹模型与决策支持. 黄河水利出版社，2009.

[20] 周溪召主编. 运筹学及应用. 化学工业出版社，2009.

[21] 焦宝聪，陈兰平编著. 运筹学的思想方法及应用. 北京大学出版社，2008.

[22] 李占利主编. 运筹学简明教程（第二版）. 西北工业大学出版社，2009.

[23] 吴立煦，罗万钧，赵可培编. 运筹学习题与解答（第二版）. 上海财经大学出版社，2010.